십 대가 알아야 할

메타버스와 미래 세상

이야기

십 대가 알아야 할
메타버스와 미래 세상 이야기

초판 1쇄 발행 2022년 5월 15일

지은이 천윤정
펴낸이 이지은 **펴낸곳** 팜파스
기획편집 박선희 **마케팅** 김서희, 김민경
디자인 조성미
인쇄 케이피알커뮤니케이션

출판등록 2002년 12월 30일 제 10 − 2536호
주소 서울특별시 마포구 어울마당로5길 18 팜파스빌딩 2층
대표전화 02 − 335 − 3681 **팩스** 02 − 335 − 3743
홈페이지 www.pampasbook.com | blog.naver.com/pampasbook
이메일 pampas@pampasbook.com

값 14,800원
ISBN 979 − 11 − 7026 − 484 − 2 (43500)

십 대가 알아야 할

메타버스와 미래 세상

천윤정
지음

이야기

팜파스

'넥스트 인터넷',
메타버스를 소개합니다

"여기에 이렇게?"

"응."

"저기는?"

"아니야."

250만~180만 년 전 고대 인류는 아마 위와 같이 몇 안 되는 단어로 대화했을 겁니다. 토마스 모건 박사 연구팀의 연구에 따르면 인류 최초의 대화는 도구를 어떻게 만들지를 얘기하는 것이었다고 합니다. 간단하게나마 얼굴을 마주하고 대화했기 때문에, 고대 인류가 쓴 손도끼가 점차 정교해질 수 있었죠.

이렇듯 우리는 아주 오래전부터 자신의 생각을 다른 사람에게 전달하기 위해 '말'을 만들었습니다. 왜 우리는 자신의 생각을 굳이 다른 사람에게 전하려고 한 걸까요? 인류가 혼자서는 살 수 없는, 이른 바 '사회적 동물'이기 때문입니다. 혼자보다 함께하는 게 '더 나은 삶' 을 약속했죠. 그래서 고대 인류는 서로 대화하며 더 좋은 도구를 만 들었던 것입니다. 좋은 도구가 있어야 사냥을 잘할 수 있거든요.

다시 말해 우리는 함께 더 잘 살기 위해서 의사소통을 해야 했고 그 수단으로 '언어'를 택한 것입니다. 이후로도 우리는 생각을 더 제 대로 전달하기 위해 새로운 단어들을 만들며 언어를 발전시켰습니 다. 하지만 직접 만나 이야기하는 것만으로 우리가 만족했을까요?

시간을 빠르게 돌려 약 170년 전으로 가 봅시다. 1854년 무렵 이탈 리아의 발명가 안토니오 무치는 아픈 아내가 침대 밖으로 좀처럼 나 올 수 없자 고심 끝에 획기적인 기계 하나를 발명합니다. 이 기계 덕 분에 무치는 일할 때도 사무실에서 아내와 대화할 수 있었죠. 무치가 발명한 기계는 바로 '전화기'였습니다. 전화기를 쓰면 사람들은 떨어 져 있어도 대화를 나눌 수 있었죠. 전화기 덕분에 우리 인류는 서로 만나서 언어와 목소리만으로 의사소통해야 하는 '공간적인 한계'를 극복하게 된 겁니다.

이번에는 우리 인류가 만족했을까요? 아닙니다. 1969년에 우리는 서로 연결할 또 다른 방법을 생각해 냅니다. 그리고 이 방법은 등장 한 지 약 50여 년 만에 지구상에서 가장 광범위한 연결망을 만들었습 니다. 뭐냐고요? 바로 '인터넷'입니다. 인터넷을 사용하기 위해 우리 는 대륙과 대륙을 넘어 저 넓은 바다 아래까지 엄청난 크기와 길이를 자랑하는 케이블을 만들었습니다. 그뿐만 아니라 우주에 인공위성을 쏘아 올리기도 했지요. 이 광대한 통신망 덕분에 우리는 공간과 시간의 한계를 넘어 우리의 생각과 상상, 뉴스와 음악 등 인류가 만들고 표현할 수 있는 거의 모든 것들을 공유하게 됐습니다.

그런데 인류는 여기서 멈추지 않고 더 나아가려 합니다. 인터넷은 어디까지나 통신망이 연결된 모든 장소, 즉 현실 속에서 생각을 나누고 만나게 합니다. 다시 말해, 인터넷은 여전히 이미지, 글자, 동영상 등이 평평한 화면에 보이는 2차원(2D) 세계에 머물고 있지요.

우리는 이러한 평면적인 2D 세상조차 뛰어넘으려 합니다. 지금까지 엄격하게 구분하던 현실과 가상을 연결해서 현실을 확장하려는 시도를 하고 있거든요. 바로 '메타버스(metaverse)'로 말이죠.

그럼 이제부터 메타버스와 가상현실 세계를 본격적으로 알아보러 가 볼까요?

차례

들어가며

'넥스트 인터넷', 메타버스를 소개합니다

005

현실을 뛰어넘은 새로운 세상, 메타버스!

Chapter 01

메타버스와 메타버스를 만들어 내는 기술 세계를 들여다 보다

Chapter 04

알아 두면 쓸모 있는
메타버스 직업의 세계

메타버스와 관련된 미래 유망 직업을 알아보다

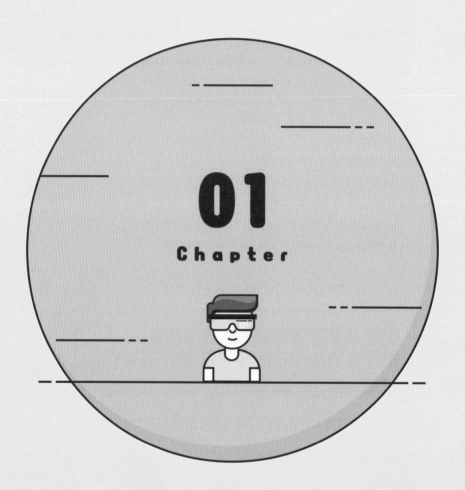

01

Chapter

현실을 뛰어넘은
새로운 세상, 메타버스!

메타버스와 메타버스를 만들어 내는
기술 세계를 들여다보다

우리가 인터넷이라고 부르는 월드 와이드 웹(World Wide Web), 줄여서 웹(web)이라고 하죠. 이 웹은 지금까지 단계를 거쳐 진화해 왔습니다. 웹 1.0은 컴퓨터 기반 인터넷입니다. 지금도 가장 많이 쓰는 그 인터넷이요. 그리고 웹 2.0은 모바일 기반의 인터넷입니다. 인터넷을 사용하는 기기가 스마트폰으로 바뀐 것이죠. 웹 2.0 시대가 오면서 우리는 이동하면서(mobile) 어디서든 인터넷을 할 수 있게 됐습니다.

그리고 아직 본격적으로 시작된 것은 아니지만, 웹 3.0이 있습니다. 조만간 '스마트폰을 넘어서는 기기와 현실의 한계를 뛰어넘는 기술로 무장한 새로운 인터넷 시기'가 올 것이라는 거죠. 많은 테크 전문가들은 이 웹 3.0을 바로 '메타버스'라고 지목합니다. 과연 메타버스가 웹 3.0의 시대를 열 수 있을까요?

메타버스,
가상 세계와 현실 세계를 드나드는 문

현실에서는 피자 배달부인 히로 프로타고니스트. 하지만 히로의 디지털 자아인 '아바타'는 '메타버스'라는 가상 세계에서 최고 등급 전사이자 해커입니다. 히로는 메타버스에서 퍼지는 '스노 크래시'라는 것이 현실 세계에 사는 사용자의 뇌를 망가뜨린다는 사실을 알게 됩니다. 그는 현실 세계 사람들을 구하고 스노 크래시의 음모를 파헤치기 위해 위험한 모험을 떠나죠.

어딘가 익숙한 이 이야기는 닐 스티븐슨이 1992년에 출간한 SF 소설 『스노 크래시(Snow Crash)』의 내용입니다. 이 소설에서 메타버스라는 용어가 처음 등장했지요. 그런데 히로처럼 현실에서 평범한 내가 가상 세계에서는 전혀 다른 사람이 되는 것. 어디서 많이 보지 않았나요?

여러분이 게임을 즐긴다면 너무 익숙해서 하품이 나올 만한 이야기일 겁니다. 게임 속 여러분은 현실 세계와는 전혀 다른 사람이 됩니다. 누군가를 치료하는 힐러가 되거나 여러 적을 쓰러뜨리는 위대한 마법사나 전사가 되죠. 그래서 사실 메타버스라는 생소한 말만 빼면 메타버스에 대한 이미지들이 그렇게 낯설지는 않습니다.

1999년도에 나온 소셜 네트워크 서비스 '싸이월드'에서도 사람들은 '도토리'라는 가상 화폐를 써서 싸이월드 내 아바타를 꾸미거나 미니홈피를 꾸려 나갔지요. 2003년에 출시된 가상현실 게임인 '세컨드 라이프(Second Life)'도 가상현실 속에서 마음이 잘 맞는 사람들을 찾아 소통하거나, 취향에 맞게 아바타를 꾸며 다른 사람들과 롤플레잉 게임을 즐길 수 있었죠. 메타버스가 가상 공간에서 사람들과 소통하는 장소를 뜻한다면 싸이월드나 세컨드 라이프 역시 메타버스였다고 해도 과언이 아닙니다.

많은 산업과 사람들이 주목하는 메타버스. 메타버스는 '초월'을 뜻하는 'meta'와 '우주'를 뜻하는 'universe'의 합성어입니다. 이 메타버스를 어떻게 정의할지는 현재까지도 의견이 분분합니다. 다만 공통적으로 메타버스는 단순한 게임이나 SNS가 아니라, 인터넷 공간과 현실의 물리적 공간이 함께하는 '가상 공유 공간(virtual shared space)'을 의미한다고 보지요.

사실 메타버스는 원래 좋은 의미를 담은 용어가 아니었습니다. 『스노 크래시』에서 그리는 메타버스는 따지고 보면 디스토피아입니다. 소설 속 메타버스는 다양한 가상 공간, 증강현실, 인터넷 기능을 모두 포함시킨, 현실 세계와 유사한 가상 세계이자 3차원 형태의 인터넷이

었어요. 그리고 가상 공간에서도 현실처럼 실감 나는 경험을 할 수 있었지요. 하지만 결코 멋진 일만 일어나는 이상향은 아니었습니다. 소설 속 메타버스 이용자들은 거대 기업의 이익 때문에 자신도 모르는 사이에 가상현실에 중독되거나 죽고 있었거든요. 그야말로 디스토피아, 사람들이 전체주의에 억압받는 암울한 미래로 그려졌지요.

그래서 일부 사람들은 메타버스에 대해 부정적입니다. 메타버스라는 용어가 부적절하다고 보는 사람도 있고요. 어떤 사람들은 메타버스가 이미 존재하고, 앞으로 존재할 인터넷을 그럴 듯한 용어로 포장한 것에 불과하다고 말합니다. 심지어는 '실체가 존재하지 않는다'고 하며 '메타버스'가 헛소리 말장난이라고 비판하기도 하지요. 하지만 정말 메타버스가 헛소리 말장난일까요? 우리가 그저 게임이나 인터넷과 다를 바 없는 것을 가지고 호들갑을 떠는 걸까요?

이에 대한 답을 내리기 전에 이런 상황을 한 번 상상해 봅시다.

여러분은 좋아하는 아이돌 가수의 오프라인 콘서트 장에 왔습니다. 막바지까지 콘서트를 즐기는데, 갑자기 눈앞에 홀로그램 창이 하나 뜹니다.

> **'콘서트가 끝나면 메타버스 플랫폼 A에서 팬 미팅이 열립니다.**
> **티켓을 구매하시겠습니까?'**

'예'를 누르는 순간, 여러분은 가상현실 팬 미팅 티켓을 거머쥐게 됩니다. 팬 미팅은 가상현실 플랫폼에서 진행되기 때문에 많은 사람들이 참여해도 됩니다. 오프라인 콘서트처럼 과도한 티케팅 경쟁을 할 필요가 없죠. 매크로도, 암표도 나설 자리가 없습니다. 그저 여러분의 가상 화폐가 티켓 가격만큼 차감될 뿐입니다. 여러분은 콘서트가 완전히 끝난 뒤, 아이돌 가수의 아바타를 가까이서 만나며 즐거운 시간을 보내면 되는 거죠.

한 가지 더 상상해 볼까요?

여러분은 직접 만든 아바타 스킨 등을 판매하고 싶습니다. 그래서 메타버스 플랫폼 안에 나만의 아바타 스킨 팝업 스토어를 만듭니다. 그리고 같은 반 친구들에게 팝업 스토어 초대장을 보내는 겁니다. 그럼 여러분의 실제 친구들이 메타버스 플랫폼에 접속해서 여러분이 만든 아바타 스킨을 구경하는 거죠. 여러분의 아바타 스킨을 구매한 친구들은 새로 산 스킨을 적용하고 다음 날 온라인 수업에 출석할 겁니다.

여러분도 눈치를 챘겠지만, 우리가 그리는 메타버스는 단순한 가상 공간이 아닙니다. 가상 세계에서 할 수 있는 일을 하면서 거기서 일어난 일들을 우리 현실 삶에 반영하는 것이죠.

우리의 삶이 실제에서 가상으로 확장되다

지금까지 우리 삶은 현실에만 존재했습니다. 가상 세계에서 일어나는 일이 실제 삶에 별 영향을 미치지 않았죠. 가상 세계는 그저 남는 시간을 즐겁게 보내기 위한 공간 그 이상도 이하도 아니었습니다. 그런데 메타버스는 다릅니다.

청소년증을 예로 들어 볼까요? 여러분은 청소년증을 주민센터에 직접 가서 신청했을 텐데요. 메타버스 세상이 온다면 가상 공간에 마련된 가상 주민센터에서 디지털 청소년증을 발급받을 수도 있을 겁니다. 그 디지털 청소년증으로 메타버스 속 다채로운 경험들을 할 수 있을 테고요. 마치 현실에서 청소년증을 가지고 여러 혜택을 받는 것과 마찬가지로요.

이렇게 여러분이 사는 현실을 디지털 세상까지 확장시키겠다는 게 메타버스의 목표입니다. 현실과 2D에만 머물던 삶 전체의 패러다임을 바꿔서 가상과 3D 세상까지 포함시키는 것이죠. 그래서 메타버스는 단순한 비디오 게임이나 가상 소셜 네트워크 서비스 이상의 의미를 지닙니다. 현실 속에서 지속 가능한 가상 세계이자, **확장된 현실**을 의미하지요.

이 메타버스가 주목을 받게 된 데는 현실적인 문제도 있었습니다. 2019년 11월경 중국 우한에서 신종 코로나 바이러스 감염증, 즉 코로나19라는 심각한 질병이 나타났죠. 손쓸 틈도 없이 많은 사람들이 감염되었고, 얼마 지나지 않아 이 질병은 전 세계를 휩쓸었습니다. 팬데믹이 선언되는 데는 4개월이 채 걸리지 않았습니다.

이 전염병으로 전 세계 사람들은 집 밖에 나갈 수 없는 환경에 처했죠. 마음 놓고 서로 만나기도 어려워졌습니다. 많은 국가들이 국경을 봉쇄했고, 다른 나라 사람들의 입국을 막았습니다. 아예 이동 제한 명령이나 집합 금지 명령을 내린 나라들도 많았습니다. 우리나라도 강제로 이동을 제한하지는 않았지만, 사회적 거리두기를 시행했습니다.

사람들은 예전처럼 편하게 만날 수 없었지요. 서로 얼굴을 마주하는 일상들이 한순간에 사라졌습니다. 체계적인 언어가 만들어진 이후로 사람들은 유기적으로 연결된 세상을 만들어 왔습니다. 과학이 발전하면서 이 연결은 시간과 공간마저 뛰어넘는 듯했죠. 그런데 졸지에 '강제적으로' 떨어지게 된 것입니다.

과학 기술의 발전으로 드디어 현실로 다가올 메타버스

강제적으로 거리두기를 해야 했던 사람들은 고심했습니다. 방법을 찾기 시작했죠. 화상 회의, 온라인 수업, 게임 속에서 만나 노는 등 여러 방법들이 등장했습니다. 이 방법들의 공통점은 바로 직접 만나지 않고도 서로 연결되는 것이었죠.

그렇게 우리는 서로 접촉하지 않고도 온라인에서 많은 일들을 하기 시작했습니다. 정보통신 기술은 물론, 4차 산업혁명 기술들을 적극적으로 이용한 덕분입니다. 인간의 지능을 흉내 내는 기술인 인공지능(AI), 우리가 인터넷을 하면서 만들어 내는 수많은 데이터들(빅데이터), 물건들에 센서와 통신 기능을 넣어서 온라인으로 연결하는 사물인터넷 기술을 활용하면서 우리는 만나지 않고도 많은 일을 할 수 있게 됐습니다.

모바일 네트워크의 발전도 한몫을 했습니다. 현재 서비스되기 시작한 5세대 이동 통신(5th Generation technology standard, 5G. 초고속 이동 통신)의 이야기를 잠깐 해볼까요? 이동 통신은 데이터를 대량으로 '전송'하는 기술을 의미합니다.

데이터를 '자동차', 이동 통신 기술을 '도로'라고 한번 생각해 봅시다. 좁은 2차선 도로에서는 자동차들이 속도를 내기가 어렵죠. 오고 가는 자동차가 많아지면 금세 길이 막힙니다. 그런데 왕복 100차선 고속도로라면 어떨까요? 훨씬 많은 자동차가 자유롭게 달릴 수 있겠죠. 1세대 이동 통신이 2차선 도로를 만드는 기술이었다면, 5세대 이동 통신은 왕복 100차선 이상을 만드는 것과 유사합니다. 도로가 넓어진 만큼 많은 자동차가 움직이겠죠. 그만큼 많은 데이터가 빠르게 오갈 수 있습니다.

5G를 이용하면 이론적으로 영화 1편을 불과 2초면 내려받을 수 있습니다. 가상현실 기술에 꼭 필요한 홀로그램이나 사물인터넷에 필요한 데이터도 4세대 이동 통신인 LTE(4G)보다 훨씬 원활하게 전송할 수 있고요. 그래서 실감 나는 가상 세계를 만들고 메타버스 플랫폼을 만드는 데 큰 도움을 주죠.

이 밖에도 블록체인 기술(누구나 볼 수 있는 디지털 장부에 거래 내역을 함께 기록하고, 여러 대의 컴퓨터에 거래 내역들을 일일이 복제해서 저장하는 분산형 데이터 저장 기술)이 발달하면서 가상 세계에서 일어나는 일들에 신뢰가 더해진다는 희망도 생겼습니다.

우리는 이렇게 과학의 힘을 빌려 메타버스라는 개념을 소설 속에서 현실로 불러낸 겁니다. 가상의 메타버스와 현실의 과학이 힘을 합쳐 '가상 공간에서도 현실에서처럼 다양한 사회, 경제 문화적인 활동을 할 수 있게 하자'는 거죠. 앞으로 코로나19를 극복한다고 해도 이러한 움직임이 사라지지는 않을 겁니다. 이미 우리는 만나지 않고도 온라인 공간에서 공부하거나 일할 수 있고 충분히 소통할 수 있다는 것을 알게 됐으니까요.

메타버스는 현실과 가상의 경계, 사용자와 소비자의 경계가 사라집니다. 그래서 메타버스를 진화된 형태의 인터넷으로 보는 겁니다. '가상 공간에 연결되어 현실과 공존'하는 그야말로 현실과 가상 세계를 드나드는 문인 거죠. 그래서 메타버스를 두고 앞으로 인터넷 세상을 바꿔 나갈 넥스트 인터넷이라고 부르기도 합니다.

메타버스를 만들어 내는
가상현실 기술, 무엇이 있을까?

　메타버스가 현실과 가상 세계를 이어 주려면 무엇보다 가상 세계를 지탱하는 가상현실 기술이 중요할 수밖에 없습니다. 그렇다면 도대체 '가상현실 기술'이 뭘까요? 우선 아래 표를 한 번 볼까요?

　이 표는 1994년 폴 밀그램과 후미오 키시노가 혼합현실을 설명하

가상성 연속체　　　　　　　　　　ⓒ 폴 밀그램과 후미오 키시노, 사진 출처: 위키미디어 커먼스

기 위해 만든 '가상성 연속체'라는 그림입니다. 밀그램과 키시노는 혼합현실을 '현실과 가상 환경을 아우르는 가상성 연속체(virtuality continuum)에서 현실과 가상 그 사이에 있는 것'으로 정의했습니다. 즉 혼합현실이란 현실과 가상 사이에 있는 여러 가지 가상현실 기술 방식을 혼합해서 만든다는 것입니다. 이 표는 혼합현실뿐만 아니라 순수한 현실 세계부터 온전한 가상 세계까지를 아우르는 가상현실 기술을 모두 이야기하죠.

우선 우리가 현재 살고 있는 현실이 있습니다. 여러분이 학교 끝나고 친구들과 신나게 농구를 하는 실제 현실입니다. 여기에는 아무 가

현실 세계 속 우리 모습

상 이미지도 덧씌워지지 않습니다. 학교나 하늘, 땅, 농구공도 골대
도, 여러분과 함께하는 친구들도 모두 진짜입니다.

증강현실

이 순수한 현실에서 가상의 이미지가 하나 등장하면 '증강현실
(Augmented Reality, AR)'입니다.

혹시 포켓몬 고를 해본 적이 있나요? 스마트폰으로 포켓몬 고 게
임을 실행하면 분명 아무것도 없는 곳에 포켓몬이 등장한 것을 볼 수

증강현실 예시   출처: 위키미디어 커먼스

있습니다. 물론 포켓몬은 현실에 진짜 있는 것이 아니라 우리가 지닌 스마트폰 화면에서만 보이는 것입니다. 스마트폰으로 볼 때는 진짜 거기 있는 것처럼 느껴지지만 가상의 이미지인 거죠. 이 가상의 포켓 몬들이 바로 증강현실입니다.

단, 증강현실은 현실 사물과 상호작용을 할 수 없습니다. 그러니까 우리가 포켓몬 고 게임을 하면서 손으로 피카츄를 만지는 것이 불가 능합니다. 피카츄는 그저 스마트폰 화면과 같은 디스플레이로 보는 가상 이미지일 뿐이니까요. 결국 증강현실은 현실 세계에 가상의 사 물이나 정보를 합성해 마치 원래 환경에 있는 것처럼 보이도록 하는 컴퓨터 그래픽 기법인 것이죠.

B612나 스노우 같은 셀카 앱도 증강현실입니다. 셀카 앱에서는 머 리에 괴상한 뿔을 달 수도 있고, 멋진 카우보이모자를 쓸 수도 있죠. 하지만 뿔이나 카우보이모자는 현실에서 여러분이 쓰고 있는 것이 아니라 스마트폰 화면 속 가상 이미지입니다. 이러한 증강현실은 따 로 기기를 착용할 필요는 없지만, 현실 세계에 디스플레이를 띄울 장 비(스마트폰이나 태블릿 PC 등 모바일 기기)가 필요합니다.

증강가상

증강현실을 넘어, 가상 세계에 카메라로 포착된 현실 이미지를 더 하면 '증강가상(Augmented Virtuality, AV)'이 됩니다. 사진에서 가상 이미지로 이뤄진 가상현실 속에 실제 개 이미지가 들어가 있는데요. 이 사진처럼 증강현실이 반전된 것이라고 생각하면 됩니다. 증강현실이 현실 세계에 가상 이미지를 띄우는 것이라면, 증강가상은 가상 세계에 현실 이미지를 띄우는 것이니까요.

증강가상 예시
출처: 위키미디어 커먼스

예를 하나 들게요. 혼자 집에 있던 여러분은 식사를 하기 위해 요리를 합니다. 그리고 음식을 정성껏 식탁 위에 차리지요. 하지만 여러분은 바로 식사를 시작하지 않고 VR기기를 착용합니다. 그렇게 가상 세계로 들어간 여러분 앞에 미리 가상 세계에 들어와 있던 여러분 친구들의 아바타가 보입니다. 모두 앞에는 각자 사용하는 기기의 카메라에 포착된 현실 음식들이 실제 이미지로 차려져 있습니다. 하지만 이 음식들은 단순히 사진처럼 멈춰 있는 이미지가 아닙니다. 여러분이 음식을 먹으면 계속 카메라가 그 부분을 포착해서 가상 세계에도 반영합니다. 그래서 가상 세계에 현실 이미지로 들어와 있는 음식들이 실제로 먹는 만큼 줄어드는 거죠.

이렇게 가상 공간에 현실 이미지나 영상이 들어가서 가상 세계와 현실 세계가 공존하며 영향을 주고받는 기술이 바로 증강가상입니다.

 증강가상 예시
이탈리아 VR회사 Invrsion 공식 유튜브 채널

가상현실

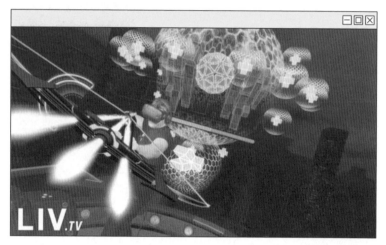

가상현실 예시   출처: 위키미디어 커먼스

나를 둘러싼 모든 환경이 가상 이미지가 되면 바로 '가상현실 (Virtual Reality, VR)'이 됩니다. 가상현실은 지금의 현실 환경과는 전혀 다른, 가상 환경에 내가 있는 것 같은 느낌을 주는 게 목적입니다. 마치 소설이나 영화 속으로 빨려 들어가는 것과 비슷한 느낌을 줍니다. 우리가 가상현실이라고 할 때 가장 흔히 떠올리는 것이 바로 VR입니다.

VR은 Virtual과 Reality가 합쳐진 말입니다. Virtual은 사전에 "물리적으로 존재하지 않지만 소프트웨어에 의해 그렇게 보이도록 만든 것"이라고 나옵니다. 이 밖에 "실제로 존재하지 않지만 존재하는 것에 가까운 것"이라는 의미도 있고요. 그래서 우리가 Virtual을 가상

(假想)으로 번역하긴 했지만, 단순히 '가짜'의 의미만 있다고 볼 수는 없습니다. 100% 인공적으로 만든 가상 이미지이지만 VR을 경험했을 때, 그 경험은 실제 사람의 '기억'이 되니까요.

혼합현실

자, 가상성 연속체 표를 다시 살펴볼까요? 가상 환경을 만드는 다양한 기술 위로 현실과 가상을 모두 아우르는 '혼합현실(Mixed Reality, MR)'이 보이죠. 혼합현실은 말 그대로 AR의 장점과 VR의 장점을 합친(mixed) 것입니다. 실제로 있는 공간에 가상현실 디스플레이를 덮어씌우는 겁니다. 사실 VR은 실제 여러분이 있는 곳과 아예 다른 곳에 있을 수 있는 경험입니다. 그래서 VR 세계는 실제 세계의 복사판도 될 수 있고, 상상의 세계도 될 수 있습니다.

그에 반해 AR은 앞서 설명한 것처럼 현실에 3차원 가상 이미지를 겹쳐서 보여 주는 기술입니다. AR에서는 여러분이 일단 현실에 있기 때문에 가상현실을 완벽하게 구현하기 어렵고, 가상 이미지 디스플레이가 더 중요합니다. 단, AR은 VR과 달리 여럿이서 체험할 수 있고 현실에 홀로그램 같은 3D 디스플레이를 입힌다는 점에서 VR보다 활용도가 높죠. 그래서 등장한 것이 혼합현실입니다.

현실 공간에 가상 이미지를 자유자재로 덮어씌워 모두 함께 가상 공간을 만끽할 수 있는 것. 혼합현실은 그야말로 AR과 VR의 장점을 섞은 AR의 발전된 형태인 것입니다.

 혼합현실 플랫폼
마이크로소프트 메시(Microsoft Mesh) 소개 영상
Microsoft Korea 유튜브 영상

확장현실

최근 가상현실 기술은 혼합현실을 뛰어넘는 '확장현실(eXtended Reality, XR)'의 시대를 향해 나아가는 듯 보입니다. 확장현실은 한마디로 '가상현실의 끝판왕'이라고 불리는데요. XR은 지금까지 나온 모든 가상현실 기술을 총망라하는 '초실감형 기술 및 서비스'입니다. 확장현실은 가상현실과 증강현실, 혼합현실을 필요에 따라 자유롭게 선택해서 확장된 현실을 창조하겠다는 것입니다.

가상현실, 증강현실, 혼합현실 모두 기본적으로 '컴퓨터 그래픽'과 '디스플레이' 기술을 가지고 만듭니다. 컴퓨터 그래픽은 컴퓨터를 이용해서 실제 영상을 조작하거나 영상 이미지를 만드는 기술이죠. 디스플레이는 이렇게 만든 컴퓨터 그래픽 데이터를 여러분 눈앞에 보여 주는 장치입니다. 스마트폰 화면이나 TV 화면, 컴퓨터의 화면, 가상현실 기기인 HMD도 모두 디스플레이입니다.

가상현실, 증강현실, 혼합현실은 이 두 가지 요소를 활용하는 방법이 다를 뿐입니다. 그런데 확장현실 기술은 굳이 가상현실 기술들을 이렇게 나눌 필요 없이 필요한 순간에 맞게 현실 속에서 자유롭게 활용하겠다는 것입니다. 그러면서 현실 공간에 가상 이미지들을 사용하겠다는 거죠. 메타버스는 현실과 가상 세계를 뒤섞어 우리 삶을 확장시키는 것을 목표로 하고 있죠. 따라서 확장현실은 앞으로 메타버스를 열어 갈 가상현실 기술이 될 것입니다.

가상현실 기술은 어떻게 발전해 왔을까?

지금은 가상현실과 메타버스에 사람들이 큰 관심을 갖지만, 사실 이 기술들이 처음부터 각광을 받은 건 아닙니다. 최초의 가상현실 기술은 어떤 모습이었을까요?

가상현실 기술이 처음 꽃을 피운 것은 1968년입니다. 1968년 이반 서덜랜드가 최초의 가상현실 기기인 '실험적인 3D 디스플레이(Ivan Sutherland's experimental 3D Display)'를 만들면서 가상현실의 시대가 열렸거든요. 다만 당시 기술로는 기기를 가볍게 만들 수가 없었어요. 이반 서덜랜드의 기기는 너무 무거워서 머리에 따로 고정 장치를 달아야 했죠. 그래서 '다모클레스의 검'이란 별명이 붙기도 했습니다.

가상현실의 개념을 대중적으로 알린 사람은 미국의 컴퓨터 과학자인 재런 러니어입니다. 그는 1985년 VPL Research를 설립해서 머리에 쓰는 헬멧 같은 기기인 'HMD(Head Mounted Display)'와 장갑 형

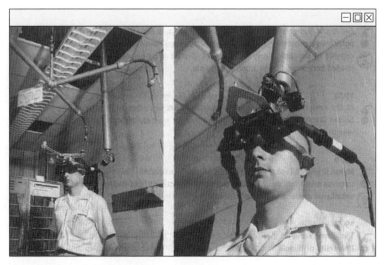

서덜랜드의 기기를 쓴 모습 1968 ©JPR(John Peddie Research)　　　출처: 위키미디어 커먼스

다모클레스의 검　　　　출처: 위키미디어 커먼스

태의 가상현실용 기기를 만들었죠.

　이후 1990년대 초까지 사람들은 가상현실과 관련해 활발한 연구와 다양한 시도들을 했습니다. 실제 출시하지는 못했지만 모턴 레오나드 헤일릭이 구상한 가상현실 HMD 구조는 2016년에 출시한 오큘러스 리프트와 닮아 보일 정도였습니다. 센소라마(Sensorama)도 그의 작품입니다. 헤일릭이 1962년에 만든 센소라마는 양 눈에 다른 영상을 비춰 시청자가 입체 영상을 느끼게 하는 장치입니다. 규모는 매우 작지만 최초의 3D 영화관이라 불릴 만했죠.

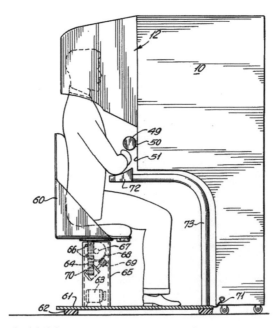

센소라마 일러스트　　　　　　　　　　출처: 위키미디어 커먼스

1991년에는 세가 VR(SEGA VR)이 나오면서 게임 콘텐츠에도 가상현실이 사용됩니다.

자, 그렇다면 최초의 증강현실 기기는 무엇일까요? 재밌게도 최초의 증강현실 기기 역시 이반 서덜랜드의 HMD로 봅니다. 이 기기는 반투명 디스플레이를 사용해서 현실의 연구실 배경 위에 직육면체의 그래픽이 덧씌워진 형태로 보이게 했거든요.

이후 토론토 대학 교수이며 웨어러블 기기(wearable, 몸에 장착하는 기기)의 선구자 중 한 명인 스티브 만이 1980년에 웨어러블 형태의 AR 기기를 선보였습니다. 1980년대부터 1999년까지 그가 발표한 기기를 살펴보면 몸에 부착된 기기들이 꾸준히 개량되어 점점 작아지는 걸 알 수 있죠.

증강현실이라는 단어를 본격적으로 쓰기 시작한 인물은 항공사 보잉의 연구원 톰 코델입니다. 톰 코델은 1990년 동료 데이비드 미젤과 함께 비행기 제조 공정을 개선하는 연구를 진행했습니다. 그 결과물이 바로 착용형 AR 기기였고요. 그러니까 1992년 톰 코델과 데이비

"GlassEyes"- Eye Tap 디지털 안경 이론

출처: 위키미디어 커먼스

드 미젤이 '증강현실'이라는 단어를 사용하기 전까지 AR과 VR은 구별되지 않은 채 사용되었습니다.

그런데 이러한 가상현실 기술들이 널리 유행하기에는 여전히 넘어야 할 벽이 많았습니다. 기술 여건을 무시하고 무리해서 발매한 기기들은 실패했죠. 비싼 기기를 샀는데 막상 그 기기들로 할 재미있는 콘텐츠도 없었고요.

결국 1990년에서 2000년대 초반, 가상현실 기술은 빛 좋은 개살구 취급을 받으면서 역사의 뒤안길로 잠시 사라집니다. 그러다 2015년에 기어 VR(Gear VR), 2016년 오큘러스 리프트(Oculus Rift), HTC VIVE, 플레이스테이션 VR(Playstation VR), 2015년 MS 글래스를 필두로, 작고 휴대하기 좋은 가상현실 주변 기기들이 나오기 시작했습니다. 또, 컴퓨터 그래픽 기술이 발전하면서 가상현실 기술은 다시 관심을 받기 시작한 것이죠.

가상현실 기술에는
이 '세 가지'가 있어야 한다!

가상현실 세계를 만들려면 무엇이 제일 중요할까요? 바로 "가상 세계가 진짜처럼 보이고, 진짜처럼 작용하며, 진짜처럼 들리고, 진짜처럼 느껴지게 해야 한다(이반 서덜랜드, 1965)"는 겁니다. 그러기 위해서는 '현존감(現存感)'이 있어야 합니다. 현존감이라니 좀 어려운 말 같지만 그 의미는 단순합니다. 가상으로 만든 것들이 실제로 1)'현재' 2)'존재하고 있는' 것처럼 3)'느껴지게' 해야 한다는 거죠.

 롤러코스터 VR 영상
경주월드TV 공식 유튜브 채널

여러분이 가상현실 세계를 만들 때 진짜 롤러코스터를 타고 있다는 느낌을 주려면 어떻게 해야 할까요? 우선 두 가지 방법이 있습니다.

첫 번째 방법은 실제 롤러코스터를 타며 그 장면을 영상으로 찍는 것입니다. 현실감 넘치는 360도 영상을 만드는 거지요. 두 번째 방법은 실감 나는 롤러코스터 영상을 컴퓨터 그래픽으로 만드는 것입니다. 현실감 있는 뛰어난 그래픽으로 우리가 있는 가상 세계가 현실이라고 착각할 만큼 현장감을 주는 거죠.

자, 첫 번째 방법부터 볼까요? 실제로 롤러코스터를 탔을 때, 여러분은 롤러코스터만 보는 게 아닙니다. 몸을 잡아 주는 안전 바부터 오돌토돌한 질감의 회색빛 롤러코스터 바닥, 하늘, 구름, 스치고 지나가는 커다란 나무 등도 모두 봅니다. 그래서 360도를 다 찍을 수 있는 촬영 기기가 필요해요. 롤러코스터를 타는 영상의 모든 위치를 직접 찍어야 하거든요.

디지털 카메라에 붙여서 VR 영상을 제작할 수 있는 캐논의 듀얼어안렌즈나 액션 카메라(스포츠, 레저 등을 촬영할 때 사용되는 캠코더 제품군) 중 180도 촬영이 가능한 제품군을 2개 정도 이어 붙이면 360도 영상을 촬영할 수 있습니다. 전후좌우상하, 360도에 이르는 거의 모든 부분을 담을 수 있는 캠코더인 고프로(GoPro)와 같은 360 액션캠을 사용해도 됩니다. 우리나라에서 개발한 목걸이 형태의 360도 촬영 카메라도 쓸 수 있습니다. 360 기어 등 25만 원에서 40만 원대의 보급형 VR 촬영 장비들도 속속 나오고 있어서 취미 삼아 가상현실 영상을 만들 수도 있습니다.

만약 컴퓨터 그래픽으로만 만든다면 어떻게 해야 할까요? 모든 위치, 즉 360도를 전부 3D로 작업해서 넣어야 합니다. 컴퓨터 그래픽은 컴퓨터, 일러스트와 관련된 각종 소프트웨어와 기기를 가지고 색, 명암, 형태, 애니메이션 등을 넣어 2차원이나 3차원 영상으로 만드는 것을 말합니다. 가상현실 영상의 경우 3차원, 즉 3D 영상을 만드는 거죠. 그러니까 우리가 롤러코스터를 탔을 때 보이는 전부, 나무나 하늘, 구름 등을 3D 애니메이션 영상으로 만드는 겁니다.

그렇다면 여기서 잠깐 의문이 생깁니다. 360도로 3D 영상을 만든다고 과연 현존감을 담을 수 있을까요? 그건 아닙니다. 가상현실을 좀 더 실감 나게 만들려면 우리 뇌의 특성을 이용할 필요가 있습니다.

똑똑한 뇌를 속이는 헤드 트래킹 기술

사람의 뇌에는 대략 평균 860억 개의 신경 세포가 있습니다. 각 신경 세포는 전자기적 신호를 다른 세포로 전달해 주는 구조인 수천 개의 시냅스에 연결돼 있죠. 우리 뇌는 빽빽하게 연결된 신경망을 통해 수백 조의 시냅스가 엄청난 양의 정보를 교환하고 처리합니다.

이것만 보면 사람의 뇌야말로 가장 뛰어난 성능을 가진 컴퓨터처럼 보입니다. 하지만 재미있게도 사람의 뇌는 이렇게 정교하게 만들어졌음에도 불구하고 의외로 잘 속는 편입니다. 눈속임, 즉 착시를 예로 들어 볼까요? 다음 사진들을 한번 봅시다.

다음 사진 속에 사람들은 마치 스노볼에 갇혀 있는 것 같습니다. 그런데 실제로는 그림이 그려진 스노볼 모양 벽 앞에 서 있는 것뿐이

출처: 위키미디어 커먼스

죠. 그런데 우리는 왜 첫 번째 사진에서 사람들이 스노볼 안에 있다고 '착각'하게 된 것일까요?

우리 눈에는 어떤 물체가 사라져도 그 물체의 형태와 색이 잠시 남습니다. 정확히는 뇌가 과거의 상을 잠시 기억하고 있는 것이지요. 여기에 빛이 굴절되는 것을 이용하고 의도적인 눈속임을 위한 3D 그림을 더하면 착시는 현실이 됩니다.

물론 특정 지점에서 볼 때만 착시를 일으키는 것이며 몇 센티미터만 이동해도 감쪽같이 사라집니다. 사진도 정면에서 보면 둥근 스노볼이지만 옆에서는 납작한 벽이라는 걸 금세 알 수 있는 것처럼요. 따라서 현실 같은 가상현실을 만들고 싶다면, 어떤 시점에서 봐도 착시가 유지되고, 심지어 걸어 다닐 때도 착시가 유지되는 기술이 필요합니다. 그래야만 가상 세계가 '진짜'처럼 느껴질 테니까요.

즉 우리가 가상현실 속에서 하늘을 바라볼 때는 하늘이, 땅을 바라볼 때는 땅이 보여야 합니다. 앞장 사진 속 스노볼이 가상 공간에 있다면 어느 방향에서 봐도 사람들이 스노볼에 갇힌 것처럼 보여야 하고요. 그래서 헤드 트래킹(head tracking) 기술이 필요한 것입니다.

헤드 트래킹은 가상현실 기기를 쓴 사람의 머리(head)가 움직이는 방향을 쫓는(tracking) 기술인데요. HMD를 분해해 보면 렌즈 위치를 기준으로, 헤드 트래킹 시스템 판은 디스플레이 판 바로 뒤에 있습니다. 덕분에 우리가 HMD를 쓰면, 우리 시선이 닿는 방향에 있는 영상을 그때그때 바로 빈틈없이 볼 수 있습니다. HMD가 머리 움직임을 읽고, 제 위치에서 볼 수 있는 그래픽을 디스플레이 판에 딱 보여 주기 때문이죠. 그래서 가상 공간을 계속 현실처럼 생각하고 탐험할 수 있는 것입니다.

그런데 가상현실이 진짜처럼 보이려면 단순히 '지금 내가 보는 부분이 어딘지만 보여 주어서'는 안 됩니다. 옆, 뒤는 물론 위아래까지 모든 화면을 바로바로 디스플레이 판에 전송해야 합니다. 그래야 우리가 시선을 돌렸을 때, 그래픽이 툭툭 끊이지 않고 시선에 맞는 영상을 제대로 보여 줄 테니까요.

그렇다 보니 평면 그래픽보다 전송할 데이터의 양이 엄청나게 많아집니다. 많은 데이터를 빠르게 보내려면, 데이터와 기기 사이를 연결해 주는 네트워크 통신망(기가 와이파이나 LTE, 5G)이 꼭 필요합니다. 가상현실 기술의 미래가 밝은 이유는 이 네트워크 통신망이 비약적으로 발전했기 때문입니다. 빠른 네트워크 통신망 덕분에 가상현실을 만드는 그래픽 데이터들을 끊이지 않고 보낼 수 있으니까요.

두 개의 렌즈로 입체감을 느끼게 하다

완벽한 가상현실 콘텐츠를 위해 또 필요한 게 있습니다. 지금 책을 덮고 잠시 거울을 볼까요? 우리 눈은 왼쪽 눈과 오른쪽 눈이 서로 떨어져 있습니다. 덕분에 왼쪽 눈이 보는 것과 오른쪽 눈이 보는 것은 살짝 다릅니다. 동공 사이의 거리가 달라서 미묘하게 각도 차이가 나죠. 우리는 이 미세한 각도 차로 사물이 얼마나 떨어져 있는지 인식합니다. 그리고 그 사물이 입체적이라는 것을 느끼죠. 뇌는 두 눈이 다르게 인식한 정보를 가지고 하나의 입체 이미지를 만들어 냅니다.

영국의 물리학자인 찰스 휘트스톤은 1838년 6월 21일, 이러한 눈의 각도 차에 대해 논문을 한 편 발표합니다. 그는 사람의 두 눈이 사물을 어떻게 입체적으로 인식하는지 분석했습니다. 휘트스톤은 좌우 눈이 떨어져 있기 때문에 입체감을 느낄 수 있다고 봤는데요. 이게 바로 '양안 시차 원리'입니다. 그는 양안 시차 원리를 이용해서 당시 사진 기술로 스테레오스코프(stereoscope, 입체경)를 만들었습니다.

휘트스톤의 아이디어와 스테레오스코프는 가상현실에서 입체감을 나타내는 열쇠가 되었습니다. 사람의 눈처럼, 렌즈를 두 개로 나누고 시야각을 조절하면 실제 사물이 눈앞에 있는 것 같은 원근감을 만들 수 있다는 것을 알게 된 겁니다. 그래서 VR 기기는 스테레오스코프

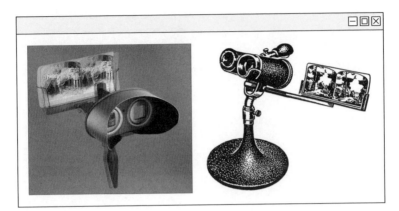

스테레오스코프

HMD 기기인 오큘러스 퀘스트의 렌즈와 컨트롤러

처럼 렌즈 2개를 사용합니다. 그리고 렌즈와 나눠진 화면을 통해 입체 화면을 만들어 보여 줍니다. 그럼으로써 평면의 디스플레이에서도 현실처럼 입체감을 느낄 수 있는 거죠. 현실 세계에서 뇌가 하는 역할을 가상현실에서는 VR 기기가 대신하는 겁니다.

이렇게 가상현실은 '착시'와 '양안 시차'를 가지고 뛰어난 컴퓨터 그래픽 기술과 촬영 기술, 더 빠른 네트워크 통신망 등을 이용해서 실제 환경 전체를 가상에 재현하고 대체하고자 합니다.

그렇다면 증강현실은 어떨까요?

GPS와 센서, 증강현실을 만드는 일등공신들

증강현실은 비디오나 인포그래픽, 이미지, 사운드 등 디지털 정보를 더해서 현실 세계의 이미지를 풍부하게 만드는 것입니다. 앞에서 포켓몬 고 이야기를 했는데요. 포켓몬 고를 하면 여러분이 들고 있는 스마트폰에 포켓몬들이 나타납니다. 여기서 증강현실 기술의 중요한 첫 번째 원리를 예상할 수 있습니다. 바로 'GPS(Global Positioning System)'입니다!

GPS는 세계 어느 곳이든지 인공위성과 통신해 자신의 위치를 정확히 알 수 있는 시스템입니다. 3개의 인공위성에 통신을 보내 인공위성과 여러분의 위치가 반지름이 되는 구를 그렸을 때, 3개의 구 중심이 바로 여러분의 위치입니다. 포켓몬 고는 이 GPS로 여러분이 사용

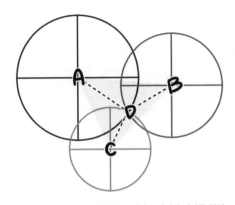

GPS의 원리. A, B, C의 위치를 알고, 각각 D까지의 거리를 알면
삼각형 세 변의 길이로 D의 위치(경도, 위도, 고도)를 알 수 있다.

하는 기기의 위치를 알아내서 그 주위에 포켓몬을 나타나게 합니다.

두 번째는 '센서'입니다. 여러분이 무엇을 보고 있는지, 그 주변 환경에 대해 알면 알수록 더 실감 나는 증강현실을 만들 수 있거든요. 카메라가 보는 위치를 정확하게 알기 위해 여러 센서들을 사용합니다. 특히 가속도 센서는 어떤 물체의 속도 변화(가속도)나 운동량 변화(충격량) 등을 측정하는 센서인데요. 중력을 감지해서 아래 방향을 알아내고, 그 방향을 기준으로 사용자의 카메라가 어떠한 곳을 보고 있는지 알아내는 것이지요.

이 외에도 남쪽과 북쪽을 감지하는 센서 등을 이용해 사용자의 카메라가 어느 방향으로 보는지 알 수 있습니다. 이러한 기술을 통해 증강현실 속 가상 이미지들이 진짜 현실 배경과 잘 어우러질 수 있는 겁니다. 이렇게 다양한 기술을 적용해서 우리는 가상 세계를 탐험합니다.

가상현실 기기에는
어떤 종류가 있을까?

가상현실을 실제로 만들려면 '3차원 공간성, 실시간 상호작용, 몰입성' 이 세 가지 요소가 필요합니다. 좀 쉽게 말하면, 마치 현실처럼 입체적인 디스플레이가 눈앞에 펼쳐져야 하고(3차원 공간성), 그 안에서 일어나는 일들이 마치 실제 일인 것처럼 서로에게 바로 영향을 주고받을 수 있어야 한다는 거죠. 예를 들어 내가 가상 공간에서 벽에 낙서를 하면 가상 공간 벽에 낙서가 뚜렷이 남아야 합니다(실시간 상호작용). 그리고 이를 통해 '아, 내가 지금 진짜 낙서를 하고 있구나.'라는 생각이 들면서 가상현실에 '몰입'할 수 있어야 하죠(몰입성). 가상현실에 몰두할 수 있으려면 오감을 자극하는 여러 입출력 장치, 즉 가상현실 기기들이 꼭 필요합니다.

가상현실 기기에 실린 장치는 크게 출력 장치와 입력 장치로 나뉩니다.

출력 장치는 가상현실 사용자들이 시각, 청각, 촉각, 움직임 등을 느낄 수 있게 해주는 장치들입니다. HMD로 대표되는 시각 디스플레이와 촉각과 힘, 진동을 느끼게 해주는 햅틱(haptic) 기술을 이용한 장치들이 있죠.

입력 장치는 현실에서 사용자가 서 있는 위치, 움직임들을 감지하고 기기에 전달해 주는 장치들입니다. 이 정보들이 있어야 가상현실에 '현존감'을 넣어 줄 수 있지요. 이를 위해서 몸과 머리의 움직임을 인식하는 장치들과 음성 같은 오디오를 감지하는 장치, 촉각을 감지하는 장치 등이 필요합니다.

출력 장치 중 가장 대표적인 HMD인 오큘러스의 경우에는 기기 안에 있는 헤드 트래킹 같은 입력 장치로 사용자가 보는 시점을 알아내서 그 시점에 맞는 영상을 출력해 줍니다. 이렇게 입력 장치와 출력 장치가 서로 작용해서 우리가 현실 같은 가상현실을 체험할 수 있는 거죠.

점점 편리해지는 시각 디스플레이의 세계

가장 필수적인 입출력 장치를 이야기하자면 시각 디스플레이를 꼽을 수 있습니다. 시각 디스플레이의 가장 흔한 형태가 HMD입니다. 머리 부분에 장착해서 이용자의 눈앞에 직접 영상을 보여 주는 디스플레이 장치지요.

아폴로 11호 우주 비행사 버즈 올드린이 케네디 우주 센터 방문자 콤플렉스에서 열린 '새로운 목적지: 화성 체험'에서 마이크로소프트의 홀로렌즈를 사용해 보고 있다. ⓒNASA

또 다른 시각 디스플레이로 AR 안경도 있죠. 가장 대표적인 AR 안경은 마이크로소프트에서 만든 홀로렌즈(HoloLens)입니다.

안경처럼 생긴 이 투명한 기기는 평소에는 증강현실 기기로 쓰다가 가상현실이 필요할 때만 불투명해져서 가상공간을 눈앞에 보여 줍니다. 그래서 혼합현실 기기로도 분류되지요.

홀로렌즈에는 소형 컴퓨터가 들어 있어 윈도즈 운영체제가 탑재되어 있습니다. 와이파이를 이용해서 인터넷에 접속할 수도 있기 때문에 스마트폰이나 PC 없이도 가상 이미지를 현실 공간에 보여 줍니다. 특히 2세대 제품인 홀로렌즈 2는 기존 기기가 눈앞에 작은 스크린을 배치해 가상 이미지를 그리는 것과 달리, 레이저 광원으로 그려 낸 홀로그램

마이크로소프트 홀로렌즈 　　　　　　　　　　　　　　　　　出처: 위키미디어 커먼스

048

이미지를 사용자의 망막에 직접 보여 줍니다. 때문에 안경을 쓴 채로도 사용이 가능하고, 시력에 상관없이 가장 정확하고 선명한 가상 이미지를 볼 수 있죠.

홀로렌즈를 쓰면 우주선, 비행기, 트럭 등을 조립하는 작업자가 하드웨어 설치 지점에서 장애물을 발견했을 때, 엔지니어가 멀리 있어도 엔지니어의 도움을 받을 수 있습니다. 바로 엔지니어가 작업자의 홀로렌즈를 통해 정확한 문제점과 해결 방법을 조언해 줄 수 있기 때문이지요.

미국의 방산 기업인 록히드 마틴은 NASA의 국제 유인 달 탐사 프로젝트인 '아르테미스 계획'을 수행할 유인 우주선 '오리온'호를 조립할 때 홀로렌즈를 사용했습니다.

오리온 호를 조립할 때 승무원이 앉을 4개의 좌석 부분에 홀로그램 설명서를 각 부품 위에 겹쳐 띄웠는데요. 바로 증강현실을 이용한 것이죠! 그래서 작업자가 일일이 설명서를 볼 필요가 없었습니다. 아울러 우주선을 만드는 데 필요한 정보를 홀로렌즈가 가상 이미지 데이터로 만들어 주었습니다. 그 덕분에 작업자들이 다른 공간에 있어도 기기를 통해서 현재 상황을 알고 정확하고 빠르게 작업할 수 있었습니다.

영국에서는 코로나19 환자를 치료 중인 의료팀이 홀로렌즈 2와 마이크로소프트에서 만든 화상 회의 플랫폼인 팀즈(Microsoft Teams) 등을 사용해 진료를 보았습니다. 홀로렌즈를 착용한 의사 한 명이 환자를 직접 치료하면서 팀즈로 실시간 영상을 전송하면, 다른 공간에 있는 팀원들이 팀즈를 통해 화상 회의를 하며 의견을 나눴지요. 덕분에 안전한 거리를 유지하면서도 효율적인 진료가 가능했습니다.

햅틱, 가상의 것을 실제로 만지고 힘을 느낄 수 있게 해주다

사실 아무리 진짜 같은 이미지를 '볼 수 있다'고 해서 우리가 그걸 현실과 같다고 느낄 수는 없죠. 그 가상의 이미지가 진짜인 것 같으려면 그걸 '느낄' 수도 있어야 합니다. 그래서 햅틱 기술도 매우 중요합니다.

햅틱이란 키보드나 마우스, 조이스틱, 터치스크린과 같은 컴퓨터 입력 장치들을 사용할 때 우리에게 촉감, 힘, 진동을 전해서 실제로 만지는 느낌을 주는 기술입니다. 스마트폰에서 화면을 터치했을 때 진동을 느끼는 것도 이 햅틱 기술 덕분입니다.

현재 국내 기업 비햅틱스(BHaptics)가 만든 햅틱 장갑이 주목을 받고 있습니다. 비햅틱스의 무선 햅틱 장갑을 끼고 가상현실 속 가상 고양이를 쓰다듬으면, 보드라운 고양이 털의 촉감을 느낄 수 있습니다. 비햅틱스의 햅틱 장갑은 섬세한 촉각을 전하기 위해 각 손가락 끝에 총 10개의 햅틱 모터를 달았습니다. 이 햅틱 모터가 가상현실, 증강현실, 메타버스 등 가상 공간에서 손으로 만지는 모든 것을 직접 느낄 수 있도록 해줍니다.

2022년 1월 미국 라스베이거스에서 열린 가전 · 정보기술 전시회
'CES 2022'에서 비햅틱스가 선보인 햅틱 장갑 영상
bHaptics 공식 유튜브 채널

이렇게 지금도 많은 개발자들이 더 사용하기 쉽고, 저렴한 기기들을 만들기 위해 노력하고 있습니다. 햅틱 장갑뿐 아니라 HMD를 쓰고 올라타서 이용하는 모션 시뮬레이터(motion simulator, 가상현실을 몸으로 체감할 수 있게 하는 장치) 등도 다양하게 개발되고 있죠. 앞으로 어떤 기기들이 우리를 근사한 메타버스 세계로 데려다줄지 사뭇 기대가 됩니다.

가상현실 기술에 문제는 없을까?

가상현실 기술과 기기는 매우 빠른 속도로 발전하고 있습니다. 하지만 여기에 문제점은 없을까요? 여러분이 가상 세계로 들어가면 진짜 몸은 여러분의 방에 있지만, 뇌는 지금 여러분이 숲을 헤매고 사막을 건너고 있다고 알고 있죠. 우리가 가상현실 속에 있는 동안 우리 감각 기관은 뇌에서 내린 명령을 충실히 수행합니다. 결국 가상현실은 이렇게 여러분의 뇌를 속이는 겁니다.

그런데 기술로 우리의 '뇌'를 지속적으로 속이면 과연 아무 문제가 없을까요? 가상현실은 뇌가 받아들이는 것과 몸이 받아들이는 게 다르기 때문에 자연히 멀미가 날 수밖에 없습니다. 이것을 '디지털 멀미'라고 합니다.

이 디지털 멀미는 일시적이지만 반복될 경우 몸의 평형을 담당하는 천정 기관의 기능이 약해질 수 있습니다. 그래서 현기증이나 메스

꺼움, 두통은 물론 망상 장애, 강박증 등 커다란 문제가 생길 수 있습니다. 또한 빛이 계속 깜박이기 때문에 눈이 나빠질 수 있죠. 의사들은 상상의 환경인 가상현실에서 뇌가 평상시와는 다른 방식으로 시각적 자극을 처리하도록 하기 때문에 눈의 피로가 생길 수 있다고 경고합니다.

또, 가장 많이 사용되는 VR 기기인 HMD의 무게는 300~700g 정도입니다. HMD를 오래 쓸 경우, 사람 목에 가하는 무게는 평소 5배 이상으로 높아집니다. 그렇다 보니 목뼈와 근육, 인대에 무리가 가서 목 디스크가 생길 수 있습니다.

AR 기기, 특히 안경 형태의 기기는 가볍지만 개인이 구입하기에는 가격이 비싼 편입니다. 게다가 개인 정보 보호 문제와 사생활 침해 문제도 있습니다. AR을 사용하려면 꼭 GPS를 이용해야 하는데 그렇게 되면 자신의 위치가 늘 노출됩니다. 어디에 갔는지, 무엇을 보았는지, 어떤 것을 검색했는지가 전부 데이터로 남게 되지요. 그 결과, 원치 않는 광고의 타깃이 될 수 있습니다. 또한 보안이 중요한 곳에서는 사용에 제약이 있을 수 있습니다.

어린이와 청소년들은 감각 기관과 판단력이 완전히 성장하지 않아 성인보다 자극에 더욱 민감합니다. 그렇기 때문에 어린이와 청소년들이 AR과 VR이 주는 자극에 꾸준히 노출될 경우 판단력, 감정 조절 등 정서 발달에 지장이 생길 수 있습니다.

가상현실 기술은 범죄에도 남용될 우려가 있습니다. VR, AR 기술에 '딥페이크(특정 인물의 얼굴이나 목소리 등을 인공지능 기술로 합성하는 것)'를 이용하기도 합니다. 딥페이크는 어떤 사람의 얼굴이 주로 나오는 고화질의 동영상을 인공지능이 딥러닝(사람이 일일이 기계에 데이터를 입력해서 기계를 가르치지 않아도 기계가 인공 신경망을 사용해서 스스로 사람처럼 학습하고 예시 데이터를 '훈련해 일반적인 규칙을 찾는 것을 말한다. 예컨대, 고양이와 개 이미지 데이터를 분류할 때, 고양이와 개의 특성을 인간이 직접 분류해 주지 않아도 기계가 스스로 학습해서 분류하며 결과값을 낸다.)해서 프레임 단위로 그 사람의 얼굴이나 목소리를 합성시켜 만듭니다.

특히 인공지능이 얼굴을 합성할 때, 전체적인 외곽을 따라서 합성하는 것이 아니라 이목구비를 중심으로 피부 톤을 맞춰 합성해내지요. 보통 영화에서 나이든 배우 얼굴에 그 배우의 젊은 시절 모습을 합성할 때 사용하는데요. 이때 합성이 진짜 자연스러워서 얼마든지 다른 사람인 척할 수도 있습니다. 문제는 이런 점 때문에 범죄에 악용될 수 있다는 것입니다.

실제로 2019년 3월에 영국의 한 에너지 회사 대표에게 사이버 범죄자가 모 기업 대표 목소리를 딥페이크로 위조해 전화를 걸어 22만 유로(한화로 약 2억 8천만 원)를 탈취하는 사건이 있었습니다. 2021년 1월에는 지인의 얼굴을 딥페이크로 합성해서 돈을 요구하는 피싱 사기도 있었고요.

지금까지 사람들은 가상현실에 대해 기기와 기술 개발에 몰두해 왔습니다. 하지만 이제부터는 가상현실 기기와 기술 때문에 생길 수 있는 건강이나 심리, 사회 문제에 대한 연구도 활발해야 할 것입니다. 다양한 임상 시험을 통해 연구한 결과를 개발 지침에도 넣고, 사회 윤리적 문제에도 많은 관심을 기울여야겠죠.

가상현실 기술이 가진 이러한 문제점을 꼭 해결해서 즐거운 메타버스 세상을 만들어 나갈 수 있기를 기대해 봅니다.

디지털 트윈,
실제 세계와 쌍둥이인
가상 세계가 나타나다!

해양 플랫폼의 디지털 트윈 개념을 이미지화한 사진   출처: 위키미디어 커먼스

여기 거대한 구조물 하나가 실제 바다 위에 떠있습니다. 석유 플랫폼 또는 해양 플랫폼, 해양 시추 장비로도 불리는 이 구조물은 해저 밑 암석에 있는 석유 및 천연가스를 탐사, 추출, 저장해서 처리하는 시추 시설을 갖추었습니다. 그런데 이것과 동일한 플랫폼이 가상 세계에도 있습니다.

사람들은 가상 세계에 있는 디지털 해양 플랫폼으로 실제 이 구조물을 썼을 경우의 일을 모의실험(시뮬레이션) 합니다. 이 구조물로 석유나 천연 가스를 탐사했을 때 어떤 일이 벌어질지, 시설에 문제점은 없는지, 석유나 천연가스를 추출할 더 좋은 방법은 없는지 알아보는 거지요. 실험 결과는 고스란히 실제 해양 플랫폼에 반영됩니다. 이렇게 실제와 가상이 서로 영향을 주고받으면서(동기화) 더 좋은 방법들을 인공지능 기술을 이용해서 안전하고도 편리하게 찾아가는 것, 이것이 바로 '디지털 트윈(digital twin)' 기술입니다.

디지털 트윈은 현실에 존재하는 물건, 공간 등을 가상으로 옮겨 놓은 것입니다. 현실과 쌍둥이처럼 꼭 닮은 세계가 디지털에 가상으로 있는 것이죠. 디지털 트윈은 '트윈'이기 때문에 적어도 2개의 세계가 있습니다. 하나는 현실에 존재하는 물리적 세계입니다. 다른 하나는 물리적 세계를 디지털로 만든 사이버 세계이고요. 여기까지 보면 증강현실이나 가상현실, 그리고 그 기술들을 이용해 만들어 갈 메타버스와 유사하게 느껴지기 때문에 이 디지털 트윈을 메타버스의 하위 개념으로 설명하기도 합니다.

하지만 디지털 트윈은 공장이나 도시 같은 현실의 것을 디지털로 똑같이 만들어 모의실험을 해서 미리 일어날 수 있는 문제 상황 등을 예측하기 위한 기술입니다. 산업계에서 필요에 따라 생겨난 기술이고 어디까지나 미리 경험해 본다는 '시뮬레이션'이 핵심입니다. 그래서 가상 공간에 현실감을 주고 거기서 일어나는 일들을 우리 삶의 일부분으로 이어 나가도록 하는 메타버스와는 목적도, 모습도 다르죠.

디지털 트윈을 뒷받침하는 핵심 요소는 단연 '데이터'입니다.

디지털 트윈의 작동 과정을 볼까요? 첫째, 현실에 있는 물체를 센서로 샅샅이 살펴본 뒤 데이터로 만듭니다. 둘째, 그 데이터를 가지고 현실 물체와 똑같이 디지털에 복제합니다. 마지막으로 디지털 복제물로 감지나 분석, 예측 등을 실시간으로 진행하면서 현실의 물체와 디지털 물체 사이를 동기화합니다. 즉, 센서로 만든 실제 대상의 '데이터'를 가상 공간에 옮겨서 실제의 것과 가상의 것의 정보가 서로 전달되게 하는 거죠. 여기에는 살아 있는 대상의 생체 정보까지 들어갑니다.

현재 디지털 트윈은 산업계를 넘어 도시 자체를 가상 공간에 복제하는 수준에 이르렀습니다. 싱가포르는 도시 전체를 3D로 만들었습니다. 단순히 도시 외형만 3D로 만든 게 아니라 교통과 생활, 전기나 가스와 같은 에너지 산업 등 필수 사회 시설을 센서로 만든 데이터로 가상 공간에 만든 것입니다.

네이버가 2021년 11월에 개발자 행사인 '데뷰 2021'에서 공개한 아크버스(ARCVERSE)도 디지털 트윈의 대표적인 예입니다. 아크버스는 디지털 세상이자 디지털 세상을 만들기 위한 기술의 집합입니다. 아크버스는 인공지능(AI)과 로봇(Robot), 클라우드(Cloud) 기술을 중심으로 만들어지는데요. 아크(ARC)라는 이름 역시 이 기술들의 앞 글자에서 따온 것이라고 합니다.

아크버스가 작동하는 방식은 다음과 같습니다. 우선 현실 세계를 그대로 디지털 세계에 복제해서 가상 세계를 만듭니다. 그리고 사람들이 디지털 세계, 즉 가상 세계에서 어떤 일을 했을 때, 그 결과를 보고 나서 현실에 반영하는 것이죠. 예를 들어 물류 회사에서 현실 속 물류 창고를 디지털 세상에 그대로 재현해 놓습니다. 사람들이 가상 세계에서 창고 정리를 하고 나면, 이후 실제 현실에서는 로봇이 창고 정리를 하는 것입니다. 그러면서 가상 세계에서 디지털로 해놓은 창고 정리가 현실에 그대로 반영되는 거죠.

디지털 트윈을 이용하면 좀 더 안전하고 효율적으로 일할 수 있을 것입니다. 하지만 문제점도 있습니다. 가장 심각한 것은 개인 정보 보호 문제입니다. 센서를 사용해서 수많은 데이터들을 복제하는 만큼 사생활을 침해할 수 있습니다. 따라서 여러 데이터를 가상 공간에 복제할 때는 법적, 윤리적으로 충분히 고민하고 강력한 안전장치를 마련해야 한답니다.

02

Chapter

메타버스!
단순한 가상 세계가 아닌
실제 힘을 지니려면
필요한 것들!

기존의 가상현실과는 뭐가 다를까?
메타버스와 가상현실의 차이점을 살펴보다

메타버스는 가상 세계와 현실 세계가 공존하는 세상입니다. 가상 세계에서 일어난 일도 현실에서 인정받을 수 있게 만들겠다는 것이죠. 지금 가상현실로 만들어진 가상 공간은 '가짜'의 영역에 머물러 있습니다. 그에 비해 지금 우리가 사는 현실 세상은 시시각각 변하고 있죠. 이 변화가 물리적인 현실 공간을 넘어 가상 세계까지 도달하려면 필요한 것들이 있습니다. 현실에서 그렇듯, 가상 공간에서도 통용되는 가상 화폐로 집이나 물건을 사고팔고 우리가 산 가상의 집이나 물건에 대해 '소유권'이 있어야겠죠. 또, 직접 만나지 않고도 가상 공간에서 함께한다는 느낌을 받을 수 있어야 할 테고요. 스마트폰을 대체할 만큼 사용하기 편리한 기기도 나와야겠죠. 그래야만 가상 공간에서 일어난 일이 실제 현실에도 힘을 발휘할 수 있게 될 것입니다. 그런데 어떻게 해야 이 모든 것이 가능해질까요?

블록체인, 디지털 세상에 신뢰를 만들어 주다

나날이 발전하는 가상현실 기술 덕분에 우리는 가상현실을 다양한 곳에 활용할 수 있게 됐습니다. 그런데 여기까지였다면 메타버스라는 이름은 탄생하지 않았을 것입니다. 좀 더 즐거운 경험을 쌓을 수 있고, 편리한 그저 하나의 '기술'에 지나지 않았을 테니까요. 아마 가상현실이라는 단어만으로도 충분했겠죠.

그런데 블록체인(blockchain) 기술이 점점 발전하고 스마트 계약이나 NFT 기술이 등장하게 되면서 이야기가 달라졌습니다. 가상 공간이 그저 단순히 디지털 세상에 그치는 것이 아니라 우리가 사는 현실에도 영향을 줄 수 있다는 희망이 생겼거든요. 그야말로 '메타버스'의 가능성을 보게 된 거죠. 그렇다면 '블록체인'과 'NFT 기술'은 어떻게 메타버스의 가능성이 될 수 있는 걸까요?

블록체인은 한마디로 '블록들이 모여 연결된 체인'입니다. 감자는

'감'하고 '자'로 이뤄진 단어라는 설명처럼 들리겠지만, 사실은 블록체인을 이해하기 위해서는 이 말부터 시작해야 합니다. 물론 아직 우리는 정확히 블록이 뭐고 체인이 뭔지 알 수 없지만요.

대체 블록체인이 뭘까?

이제부터 우리는 각 블록을 '데이터'라고 생각할 겁니다. 여기서 데이터는 단순한 문자일 수도 있고 누군가와 거래한 내용일 수도 있습니다. 예를 들어 A중학교 1학년 1반 친구들이 직업 체험을 위해 교실에서 각자 직업을 가지고 가짜 화폐로 보수를 주고받고 있다고 가정해 봅시다. 1반 친구들이 이 거래 전체를 블록체인으로 만든다면 어떤 일이 벌어질까요?

이때 블록체인은 동등 계층 통신(peer-to-peer)으로 이뤄집니다. 어렵게 들리겠지만, 1반 친구들이 모두 똑같은 위치에서 똑같은 권리를 가지고 블록체인에 참여할 수 있다는 얘기입니다. 예외는 없어요. 담임선생님도 블록체인에 참여하고 있다면 반 친구들과 동등한 위치에 있습니다. 담임선생님이라고 해서 1반 친구들이 만드는 블록체인을 마음대로 좌지우지할 수 없죠.

또한 블록체인은 보통 이름을 넣지 않고 번호로 기록을 합니다. 블록체인은 모두가 볼 수 있기 때문입니다.

1학년 1반 친구들은 모두 블록을 하나 들고 시작하는데요. 이 블록에는 '1반 친구들의 거래 내용을 기록한 데이터'가 들어 있습니다. 이 기록들은 반 친구들이 가진 블록들에 모두 동일하게 들어가죠. 이건 마치 여러분이 숙제를 했을 때, 그 숙제를 메일에도, 카카오톡 같은 메신저에도, 외장 하드나 컴퓨터 내장 하드에도 나눠서 저장하는 것과 같아요. 다만 여기서는 1반 1번 친구부터 끝 번호 친구까지 '같은 내용을 담은 블록들을 모두 각각 나눠 갖는 것'이죠.

블록체인은 가장 처음 만든 블록에 있는 데이터 중 일부가 그 다음 블록에도 담기게 되고, 그 다음 블록에는 또 바로 전 단계 블록의 데이터 일부가 담기면서 서로 동일한 내용의 데이터가 사슬처럼 계속 이어지게 됩니다. 그래서 블록들은 마치 사슬(chain)에 묶이는 것처럼 서로 연결되게 됩니다. 즉, 체인은 말 그대로 블록들을 계속 엮어 놓은 것인 거죠.

그런데 어느 날 3번 수경이란 친구가 12번 반장 세호의 일을 돕고 보수를 더 받기로 했습니다. "3번은 12번의 업무를 돕고 추가 보수를 받는다"는 새로운 내용의 블록이 1반 블록체인에 들어가려면, 블록체인에 참여하는 1반 친구들 모두의 동의가 필요합니다. 앞서 설명한 것처럼 블록들은 일부 똑같은 데이터를 공유하면서 사슬처럼 쭉 연결되어 있으니까요.

이때 세호가 올린 새로운 블록의 내용에 1반 친구 모두가 동의, 즉 합의하는 데 필요한 것이 바로 '작업증명(proof-of-work)'입니다. 그리고 이 작업증명은 1반 친구들만 하는 게 아닙니다.

여러분이 보기에는 세호네 반 친구들만 블록체인에 참여하고 있는 것 같겠지만, 사실 블록체인은 특별한 경우(특정 동아리에 들어가기 위해 면접이나 오디션을 거치는 것처럼, 참여를 허락받은 사람들만 들어올 수 있게 만든 폐쇄적인 블록체인도 있습니다.)를 제외하고는 누구든 컴퓨터만 있다면 블록체인에 참여할 수 있고, 볼 수 있습니다. 그리고 누구든 원한다면, '세호네 반에서 새로운 블록을 올릴 때 그 블록이 가짜인지 진짜인지 판단하고 새로운 블록을 올리는 데 합의하는 일', 즉 '작업증명'을 할 수 있지요. 이 작업증명을 거쳐 수경이와 세호가 거래한 새로운 내용을 정상적으로 블록체인에 올리게 되면, "3번은 12번의 업무를 돕고 추가 보수를 받는다"는 내용이 모든 블록에 동일하게 적용되는 것이죠.

그런데 막상 세호가 수경이에게 추가 보수를 주기가 싫어졌습니다. 그래서 세호는 수경이에게 추가 보수를 준다는 내용을 빼고 "3번은 12번의 업무를 돕는다"라고 몰래 내용을 바꾸려고 했습니다. 과연 어떤 일이 벌어질까요?

우선 세호가 이렇게 몰래 내용을 바꾸면 모든 블록의 내용도 바뀌어야 합니다. 블록체인을 구성하는 블록들은 모두 같은 내용을 공유하고 있으니까요. 하나가 바뀌면 연쇄적으로 다른 것들도 전부 바뀌어야 하는 것이죠. 모든 블록들을 바꾸지 않고 세호만 내용을 바꾸면 1반 친구들은 모두 세호가 거짓말을 했다는 것을 알게 됩니다.

세호는 결국 모든 블록들에 동일하게 들어간 "3번은 12번의 업무를 돕고 추가 보수를 받는다"란 내용의 데이터를 반 친구들이 눈치채기 전에 "3번은 12번의 업무를 돕는다"로 재빨리 바꿔야 합니다.

하지만 이건 불가능한 일입니다. 세호가 기존 블록을 없애고 블록체인에 "3번은 12번의 업무를 돕는다"라는 새로운 내용의 블록을 넣기 위해서는 앞서 설명한 작업증명을 거쳐야 합니다.

그런데 작업증명이라는 것은 평균 약 10분 동안 이뤄집니다. 약 10분 동안은 새로운 내용의 블록을 올릴 수 없는 것이지요. 결국 세호는 작업증명 때문에 반 친구들이 가진 전체 블록들을 재빨리 바꾸거나 수경이에게 추가 보수를 안 주려고 새로 임의로 만든 블록을 블록체인에 정식으로 올리지 못합니다. 거짓말은 물 건너가고 꼼짝 없이 추가 보수를 수경이에게 줘야 하는 것이죠.

여러분은 우리가 현재 어떻게 돈을 거래하는지 알고 있나요? A라는 사람이 B라는 사람에게 십만 원을 부칠 때 보통 은행을 이용합니다. A가 자신이 거래하는 은행을 통해서 B에게 돈을 부치면 B도 자신이 거래하는 은행에서 A가 보낸 돈과 정확히 같은 액수를 찾는 방식이었습니다.

이때 은행은 A와 B의 정보들을 모조리 알고 있고 A와 B 사이의 거래를 관리 감독합니다. 은행은 A가 십만 원을 B에게 부친 것을 알고, A와 B 사이 거래에 한해서는 B가 더도 말고 덜도 말고 딱 십만 원만 찾아갈 수 있게끔 B의 통장에 정확한 액수를 기록하는 것이죠.

그런데 2009년 나카모토 사토시라는 가명의 프로그래머가 원(won)이나 달러(dollar) 등 현실에서 우리가 쓰는 돈을 대신할 디지털 가상 화폐 '비트코인(bitcoin)'을 만들었습니다. 비트코인은 디지털 단위인 '비트(bit)'와 '동전(coin)'을 합친 용어입니다.

사토시는 이 디지털 화폐를 만들기 위해 개인과 개인이 서로 금융 정보를 공유할 수 있는 네트워크를 만들었습니다. 이 네트워크를 만드는 데 '블록체인'이 활용되었지요. 나카모토 사토시는 블록체인 시스템을 적용해 은행 등 다른 곳의 간섭을 받지 않고 개인과 개인 즉 거래 당사자들끼리 자유롭게 거래하도록 만들고자 했습니다.

블록체인에서는 개인이 했던 거래 정보들을 거래 참여자 모두가 공유하게 됩니다. 앞서 1반 친구들이 모두 블록에 적힌 내용을 함께 가지고, 알고 있는 것처럼요. 즉, 개인 간 모든 거래 정보가 담긴 '암호화된 거래 장부'가 은행이 아니라 '거래자 모두'에게 주어지는데요. 덕분에 블록체인을 이용하면 은행이 가진 '감독 권한'을 '거래하는 사람들 각자'가 가집니다. 모두가 '평등'하게요. 지금까지 '은행'이 개인과 개인의 경제 거래 정보를 독점하며 중앙에서 통제했던 것과 반대 상황이 되는 겁니다.

정리하면, 블록체인은 모두가 동등하게 참여하고, 모두가 상황을 바로 알 수 있습니다. 바로 그 점 때문에 어느 특정한 주체가 전체 블록들을 마음대로 통제할 수 없습니다. 국가도, 대기업도 중앙에서 블록체인을 좌지우지할 수 없습니다. 반장인 세호가 혼자 1반의 블록체인을 마음대로 주무를 수 없었던 것과 같은 거죠. 이렇게 모두 참여하면서 '중앙' 집권적인 측면을 벗어난다고 해서 블록체인을 '탈중앙화'이자 '디지털의 민주화'라고 불립니다.

블록체인은 구조적으로도 중앙 집중형 서버에 거래 기록을 보관하거나 관리하지 않습니다. 거래에 참여하는 개개인의 서버들이 모두 모여 네트워크를 유지하고 관리합니다. 그래서 블록체인을 탈중앙화된 시스템이라고 하는 것입니다. 작업증명 덕분에 어지간해서는 거래 정보가 변조되거나 위조되지 않을 거라고 믿을 수 있고요. 그래서 은행 대신에 개인이 모두 동등한 입장에서 상황을 통제할 수 있다는 것이죠.

자, 그럼 블록체인 기술의 가치가 '탈중앙화'와 '신뢰'에 있다는 건 알겠습니다. 그런데 그 블록체인과 메타버스가 무슨 상관이라는 걸까요? 여기에 답하기 전에 우리가 알아볼 중요한 기술이 하나 더 있습니다.

바로 'NFT'입니다.

여러분이 문구점에 가서 지우개를 사면 돈을 내고 영수증을 받습니다. 영수증을 받는 순간 그 지우개는 여러분 것이죠. 지우개에 여러분의 이름을 적어 놓을 수 있습니다. 이렇게 현실에서 무언가 구매하면 여러분은 그 물건이 여러분 소유라는 것을 얼마든지 주장하고 표시할 수 있습니다. 모두 그 물건이 여러분 것임을 알게 되죠.

출처: 위키미디어 커먼즈

그런데 가상 세계는 어떨까요? 디지털로 된 어떤 물건을 여러분이 샀다고 했을 때, 거기에 여러분의 이름을 적어 놓을 수 있을까요? 가상 세계 물건이 여러분 것이라고 말할 수 있을까요? 예전 같으면 불가능했습니다. 그런데 지금은 가능합니다. 바로 NFT

덕분이죠.

NFT(Non-Fungible Token)란 '대체 불가능한 토큰'을 말합니다. Fungible은 '한 물체를 다른 물체로 대체할 수 있다'는 것을 뜻합니다. 예를 들어 돈 같은 거죠. 옆집 수민이가 가진 만 원과 앞집 영재가 가진 만 원은 가치가 같습니다. 그래서 그 돈을 맞바꾼다고 해도 달라지는 건 없습니다. 아무 문제도 없고요.

그런데 수민이의 집과 영재의 집은 어떨까요? 아니면 수민이가 키우는 고양이와 영재가 키우는 고양이는요? 다 같은 집이고 고양이니, 서로 바꿔도 아무 문제가 없을까요? 아닙니다. 집과 고양이는 경제적 가치가 동일하지 않습니다. 정서적으로는 말할 것도 없고요. 돈을 맞바꾸듯이 대체할 수 없죠. 이런 게 '대체 불가능한(non-fungible) 것'입니다.

그렇다면 토큰은 무엇일까요? 토큰은 코인과 같은 암호 화폐라고 할 수 있는데요. 이 둘은 기술적으로 다릅니다. 우선 코인은 특정 블록체인 플랫폼에서 만들고 사용하는 그 플랫폼 고유의 암호 화폐(native cryptocurrency)입니다. 비트코인이나 이더리움에서 사용하는 '이더(ETH)'가 바로 코인이며, 이건 돈과 같다고 생각하시면 됩니다.

그런데 토큰은 다른 블록체인 네트워크 위에서 운영되는 암호 화폐입니다. 예전에 흔히 사용되던 지하철 승차권을 예로 들어 볼까요? 이 승차권을 토큰이라고 부르기도 하는데요. 지하철 승차권은 돈(코인)으로 사는 것이지만 돈(코인)은 아니죠. 다른 데서는 사용하지 못하고 지하철을 탈 때만 쓸 수 있습니다. 즉, 토큰은 다른 블록체인 네트워크에서 어떤 특정한 서비스를 이용할 수 있는 권한이라고 할 수 있습니다. 이더리움과 같은 일부 블록체인에서 제공하는 스마트 계약(smart contract, 블록체인 위에 어떤 '약속'을 '코드'로 입력해서 올리는 것. 어떤 조건을 만족하면 어떤 행동을 하라는 내용을 코드로 만든다. 은행이나 정부, 법률이 아닌 '블록체인'이 이 약속이 '진짜'라는 것과, 실행될 거라는 것을 보장한다.)으로 여러분이 자유롭게 만들 수 있죠. 이더리움 같은 블록체인 플랫폼은 앞장에서 설명한 것처럼 일부 사람들이 마음대로 내용을 조작하거나 외부에서 해킹하는 것이 어렵기 때문에 안정적인데요. 여러분은 이러한 블록체인이 가진 안정성을 바탕으로 스마트 계약을 할 수 있습니다. 그리고 스마트 계약으로 여러분은 여러분만의 토큰을 여러 개 발행할 수 있는 것이죠.

그런데 여러분이 만약 딱 1개의 토큰만 만드는 스마트 계약을 한다면 어떻게 될까요? 그리고 그 토큰 안에 여러분이 찍은 친구 사진(이미지 데이터)을 넣는다면? 이렇게 토큰에 블록체인 기술로 '데이터'를 기록하게 되면, 자동으로 전 세계에서 여러분이 올린 유일한 토큰을 확인할 수 있는데요. 이게 바로, NFT(대체 불가능한 토큰)입니다! 이때 토큰은 다른 것과 바꿀 수 없는 '블록체인으로 만든 기록'이 됩니다. 다시 말해 NFT는 모두에게 '공개'되어 있는 '데이터베이스'인 블록체인으로 '누가 무엇을 소유했는지 기록한 것'이 되는 거죠.

예를 들어 여러분이 NFT 그림 하나를 산다고 가정해 봅시다. 원래 NFT 그림의 소유자는 그 그림을 만든 사람이었을 것입니다. 그런데 여러분이 그림을 사면서 이제 여러분 소유가 되는 거죠. 이렇게 소유

NFT는 어떻게 만들어질까요?

1 블록체인
여러 개의 토큰들 발행 가능
그런데!

토큰 1개만
ONLY ONE TOKEN

2 발행

유일한 토큰 탄생!

+ 이미지(정보)

3 원본 NFT 탄생

4 대체 불가능

5

작품 정보 　 소유권 정보 　 저작권 정보

1 여러분들은 토큰을 자유롭게 여러 개 발행할 수 있습니다. 1개도, 10000개도 여러분이 원하는 만큼 발행할 수 있죠.

2 그런데 여러분이 만약 딱 1개의 토큰을, 딱 1번만 발행하면? 그 유일한 토큰에 여러분이 만든 이미지를 블록체인으로 넣는다면?

3 원본 NFT가 탄생합니다!

4 대체 불가능!
NFT는 복사할 수 있지만, 원본은 그대로 남아 있습니다. 여러분이 모나리자를 구글에서 검색해서 프린트한 그림을 갖고 있다고 해도 진짜 모나리자는 루브르 박물관에 있는 것과 같은 이치죠.
NFT가 디지털 이미지를 만들어 올린 사람이 정말 만들었다는 것을 증명하고 이 원본이 진품이라는 것을 증명합니다. 결국 원본과 복사본을 구분하기 어려운 인터넷 세상에서 '소유권'과 '재산권'을 증명할 수 있게 된다는 것이지요!

5 그렇다면 디지털 이미지로 NFT를 만들면, 과연 토큰 안에는 정확히 어떤 것이 들어 있을까요?
바로 작품 정보(보통은 용량 문제 등으로 이미지 자체를 올리지는 못하고 고유의 일련 번호를 넣음), 소유권 정보(현재 누가 이 NFT를 소유하고 있는지), 저작권 정보(누가 이 NFT를 만들었는지)를 담고 있습니다!

자가 바뀌게 되면 그 내용이 블록에 기록되고 블록체인을 통해서 토큰으로 만들어지는 것입니다.

NFT 그림을 산다는 것은 이 세상에 단 하나밖에 없는 진품 그림을 사면서 진품 증명서와 소유권 증명서를 받는 셈입니다. 사람들에게 '이건 내 거야!'라고 말할 수 있고 '이건 내 것이라는 점을 보장'받을 수 있는 형태로요. 지우개를 사고 영수증을 받는 것처럼, 여러분도 NFT로 영수증을 받는 것입니다. 그것도 세상에 단 한 개밖에 없는 진짜 '대체 불가능'한 '토큰'으로요. 따라서 NFT는 '블록체인을 사용한 디지털 콘텐츠의 온라인 인증서'라고 할 수 있습니다.

소유권과 신용, 디지털 경제를 현실 경제로 만들어 주다

바로 블록체인 기술과 NFT 덕분에 우리는 디지털로 된 가상의 물건을 자신의 소유라고 입증할 수 있게 되었습니다. 디지털 지우개도 NFT로 만들면 현실에 있는 지우개처럼 여러분 것이라고 표시할 수 있습니다. 즉 가상 세계 경제를 현실 세계 경제처럼 다룰 수 있게 되었다는 거죠. IT 시장조사 전문기관 가트너도 이런 이유로 NFT를 두고 '향후 10년을 이끌어 갈 혁신 기술'이라고 극찬했습니다.

그런데 우리가 지금 그 NFT를 제대로 잘 사용하고 있을까요? 책 읽기를 잠시 멈추고 NFT의 주요 거래 플랫폼 중 하나인 '오픈시'를 열어 봅시다.

첫 페이지를 들어가면 'Explore'와 'Create'를 선택할 수 있습니다. 전자를 선택하면 다른 사람들이 만든 NFT를 둘러보거나 살 수 있어요. 후자를 택하면 여러분이 만든 NFT 이미지를 올릴 수 있습니다.

오픈시는 유명한 미술 작품을 각색한 이미지부터 록밴드의 앨범 커버에 이르기까지 다양한 NFT를 제공합니다. 여기서 디지털 포켓몬 카드처럼 수집하고 거래할 수 있는 가상 고양이인 '크립토키티'를 찾아보겠습니다.

크립토키티는 '크립토키티스(CryptoKitties)'란 게임에 나오는 고양이들을 말합니다. 크립토키티스는 2017년 11월에 처음 출시되어 큰 인기를 끌었죠. 이른바 고양이 도감 같은 건데요. 디지털 고양이를 사 모아서 서로 다른 종을 교배해 얻은 새로운 고양이를 다시 사고파는 게임입니다. 눈 색깔, 털 색깔, 입 모양 등 256비트의 유전 코드가 섞여 새끼 고양이가 만들어지지요. 세계 최초로 블록체인 기술과 암호 화폐인 이더리움으로 만든 NFT 온라인 게임입니다.

게임에서 가상 화폐 이더(ETH)로 산 고양이들은 아주 작은 디지털 이미지일 뿐인데요. 이 작은 고양이들은 오픈시에서 보통 한 마리에 약 27만 원 정도에 팔립니다. 고양이가 매우 특이한 모습을 할 경우에는 '수십억 원'에 거래되죠.

또 다른 예를 들어 보겠습니다. 2021년 3월, '비플'이라는 미국의 디

니앤 캣
출처: 위키미디
어 커먼스

지털 아티스트가 미국 뉴욕 크리스티 경매에 '매일: 첫 5000일'이라는 제목의 이미지 파일 하나를 올렸습니다. 이 이미지 파일은 작가가 5000일간 모은 이미지를 하나로 모아 만든 콜라주 작품이었습니다. 그런데 실물이 아닌 이 디지털 작품이 6,930만 달러, 우리나라 돈으로 약 785억에 낙찰됐습니다. 놀라운 금액이라고요? 그럼 이건 어떨까요?

2011년 유튜브에서 유명했던 고양이가 있죠. 타르트 몸통에 하츠네 미쿠(初音ミク) 음악을 배경으로 우주를 날아다니던 고양이로, 이름은 니앤 캣입니다. 이 니앤 캣은 당시 전 세계를 강타하면서 수많은 변형이 나왔습니다. 모두 자기 개성대로 새로운 니앤 캣을 만들어 배포했죠. 한마디로 하나의 밈(meme), 인터넷에서 여러 모방을 거쳐 사람들 사이로 전파되는 상징적인 스타일이 된 거죠.

그렇다 보니 니앤 캣을 원래 만든 사람의 저작권은 전혀 보호되지 못했습니다. 사실 니앤 캣처럼 디지털 콘텐츠는 원작자의 권리나 저작권을 보호하기가 힘들었습니다. 현실 미술 작품과 달리 실체가 없고 복제나 변형이 쉬웠기 때문이죠. 하지만 NFT 덕분에 이 고양이가 탄생한 지 10여 년 만에 원작자는 이 고양이 작품을 팔고 우리나라 돈으로 약 7억 원을 벌게 되었습니다.

크립토키티스 속 고양이나 비플의 작품, 니앤 캣은 실제로 만질 수도 없고 액자에 넣을 수도 없는 디지털 콘텐츠일 뿐입니다. 그런데 어떻게 이런 어마어마한 가격에 팔릴 수 있었을까요? 이것은 모두

NFT 덕분입니다.

여러분은 여기서 잠시 의문이 들 겁니다. NFT 덕분에 가상 공간에 있는 디지털 콘텐츠나 물건에 소유권을 주장하게 됐지만, 그게 작은 고양이 그림이 7억 원에 달할 정도의 가치냐는 거죠. 적어도 현실에서는 피카소 작품이 아닌 이상, 작은 고양이 그림이 7억 원에 팔리는 경우는 매우 드무니까요.

그래서 NFT를 두고 혁신이 아닌 투기 대상이라고 보는 비판도 많습니다. 원래 희소한 것은 가격이 높아지기 마련입니다. 유일무이한 것이라면 더 비싸질 수밖에 없고요. NFT도 '대체 불가능'한 NFT를 소유한다는 것을 '증명'할 수 있다는 특징 때문에 이처럼 터무니없는 가격에 팔린다는 거지요. 마치 17세기 네덜란드에서 벌어진 튤립 파동과 비슷해 보입니다.

최초의 거품 경제 현상으로 불리는 이 유명한 사건은 네덜란드 유명 귀족가나 부유층이 희소성 있는 튤립을 소유하려고 희귀한 튤립을 비싸게 사들이는 데서 시작합니다. 그러다 보니 튤립 가격이 높아지면서 너도나도 튤립에 투자하고 튤립 재배에 뛰어들게 됐지요. 그러다가 어느덧 튤립 공급이 수요를 넘어서는 지경에 이르자 사람들은 단순히 꽃을 이렇게 비싸게 살 필요가 없다는 걸 깨닫게 되었습니다. 결국 튤립 구매자가 사라지면서 튤립 가격은 급락했죠. NFT도 이런 식으로 곧 가치가 폭락할 거라는 비판이 있는 것입니다.

그래서 아직까지는 NFT가 다방면에 쓰이지는 못하고, 주로 예술 산업이나 명품 업계에서 활용되고 있습니다. 예술 작품을 만드는 사람들이나 명품 브랜드들은 대체 불가능하다는 희소성 때문에 많은 관심을 갖고 NFT 사업에 뛰어들고 있죠.

현재 NFT를 활용하는 방식은 크게 두 가지입니다. 하나는 현실에서 실제 상품을 NFT로 발행하는 것, 다른 하나는 메타버스 플랫폼에서 상품을 NFT로 발행하는 겁니다.

전자는 실제 존재하는 영화 대본이나 사진, 물건 등을 NFT로 발행하는 것입니다. 영화 감독 쿠엔틴 타란티노가 자신이 만든 영화의 각본을 NFT로 만든다고 해서 화제가 되었죠. 모바일 입장권이나 상품권 등을 NFT 형식으로 발행하려는 시도도 있습니다. 보통 바코드를 사용하는 모바일 티켓은 캡처 이미지가 실수로 유출되면 다른 사람이 멋대로 사용할 수 있죠. 그런데 NFT 기술을 활용해 모바일 입장권이나 상품권을 발행하면 복제나 유출되어도 안전할 수 있습니다.

또, 웹사이트 '크래프터 스페이스 누리집'에 들어가면 여러분도 여러분의 사진이나 여러분이 그린 그림을 NFT로 만들 수 있습니다. NFT는 일종의 '디지털 정품 인증서' 역할을 합니다. 그래서 온라인에서 작품 활동을 하는 예술가들이라면 작품을 NFT로 만드는 것만으로도 저작권이나 위작 분쟁에서 유리한 고지를 차지할 수 있죠. 언제든지 오픈시에 올려서 NFT 작품을 판매할 수 있고요.

크래프터 스페이스 누리집
자신의 그림을 무료로 NFT로 만들어 발행할 수 있는 사이트로 가상 화폐(암호 화폐) 지갑 '카이카스(Kaikas)' 설치하면 누구나 쉽게 내가 그린 그림 등을 NFT로 만들 수 있습니다.

후자는 구찌가 대표적인데요. 메타버스 플랫폼 중 하나인 제페토에서 구찌는 NFT 상품을 발행했습니다. 덕분에 우리는 제페토 안에서 아바타에게 구찌 제품을 사용할 수 있습니다. 현실에서는 너무 비싸서 살 엄두가 안 나는 명품 제품을 NFT 형태로 가질 수 있는 거죠.

앞으로 메타버스에서 NFT는 어떻게 쓰일까?

미래 NFT는 메타버스에서 어떻게 이용될까요? 여러분이 메타버스 플랫폼에서 사용하는 자신의 아바타를 NFT로 만들면, 여러분만의 유일한 아바타를 만들게 됩니다. 이 아바타는 해당 메타버스 플랫폼이 더 이상 서비스를 하지 않거나 사라지면 그대로 사라질 JPEG 이미지가 아니라 계속 여러분 곁에 남아 있을 수 있게 됩니다. 만약 여러분이 직접 만들었다면 블록체인 덕분에 여러분이 NFT 이미지를 만들었다는 걸 모두 알 수 있어서 여러분도 덩달아 유명해질 수 있고요.

앞서 니앤 캣 이야기를 했죠? 누가 만들었는지 아무도 관심 갖지 않고 너도나도 마구 사용했던 작은 고양이 말입니다. 누군가 고심해서 만든 어떤 이미지가 모두에게 밈처럼 사용되면서, 만든 사람이 그 대가를 못 받는 일은 이제 사라질 수 있습니다.

게다가 이렇게 NFT로 만든 아바타는 제페토에서 사용하다가 로블록스 등 다른 메타버스 플랫폼에서 이용할 수도 있게 됩니다. NFT는 메타버스 플랫폼 간 이동을 가능하게 만듭니다. 이렇게 여기서도 쓸 수 있고 저기서도 쓸 수 있게 만드는 이러한 기능을 바로 '상호운용성' 이라고 합니다. 이 상호운용성 덕분에 다양한 메타버스 플랫폼을 자유롭게 오가면서 우리가 확장된 가상현실을 즐길 수 있게 되는 거죠.

이처럼 NFT의 미래는 누가 어떤 마음으로 활용하느냐에 따라 엄청난 잠재력을 지닙니다. 무엇보다 여러분이 디지털 자산을 갖게 됩니다. 그 덕분에 여러분이 이용하는 메타버스 플랫폼을 자유롭게 이동할 수 있고, 일부 대기업이나 정부가 아닌 바로 여러분 모두가 가상 공간에서 경제적인 주도권을 쥘 수도 있습니다.

블록체인과 NFT는 아직 충분히 활용되지 못하고 있습니다. 단점도 많지요. 블록체인에서 작업증명을 할 때 어마어마한 전기를 사용하기 때문에 환경에 악영향을 미치고 있고요. NFT는 오히려 미술품을 사들여 세금 회피를 하는 것처럼 조세 회피의 한 방법으로 악용되고 있기도 합니다.

하지만 블록체인으로 디지털 세상이 민주화되었고, 기존에는 없던 '신뢰'라는 가치가 가상 세계에 더해졌습니다. NFT로 디지털 세상에서 소유권 증명이 가능해졌고요. 이것은 국가나 일부 대기업이 아닌 우리 모두가 메타버스 세상에서 주도권을 가질 수 있다는 것을 상징합니다. 온라인 활동이 오프라인 활동만큼의 가치를 가질 수 있음을 의미하고요. 궁극적으로 우리가 메타버스에서 편리함과 즐거움을 넘어 주체적인 삶과 경제 생활까지 얻을 수 있다는 희망을 보여 줍니다.

텔레햅틱, 가상 공간에서 감각을 서로 나누다!

넷플릭스 다큐멘터리 '토이: 우리가 사랑한 장난감들'을 보면, 장난감을 모으는 수집가들의 이야기가 나옵니다. 어지간한 놀이는 스마트폰 하나로 가능한 현대 사회에서 그들은 여전히 실제 장난감을 삽니다. 장난감은 '만질 수 있기 때문'에 좋다는 거죠.

반려동물은 어떨까요? 반려동물을 키우는 게임들이 있지만, 많은 사람들이 여전히 실제 반려동물을 입양하고 온기를 나눕니다. 전자책 뷰어가 발전하면서 종이책을 넘기는 것처럼 부드럽게 화면이 전환되는 기기들이 많이 나왔습니다. 그러나 우리는 여전히 종이책을 사죠. 직접 종이를 만지는 걸 좋아하는 사람들이 여전히 많기 때문입니다.

지금 우리는 제페토 등 여러 메타버스 플랫폼을 이용하며 즐거운 경험을 하고 있습니다. 가상 공간에서 친구들을 사귀기도 하죠. 가상 공간이라고 해도 사람들이 관계를 맺는 모습은 현실과 크게 다르지 않습니다. 하지만 제페토 안에서 반갑게 인사하고, 안고, 춤을 추어도 우리는 서로를 '느낄' 수 없습니다.

그런데 만일 가상 공간에서 '촉각'을 느끼고 감각을 함께 나눌 수 있다면 어떤 일이 벌어질까요? 메타버스는 좀 더 현실에 가까워지면서 무궁무진한 상상의 세계를 펼쳐 줄 겁니다. 수천억 원이 있어야 가능한 우주여행도 가상 공간에서 친구와 손을 잡고 할 수 있게 되겠죠. 그런데 이렇게 촉감을 느끼고 나누는 것이 실제로 가능할까요?

앞서 햅틱 기술에 대해 설명했었는데요. VR에서 쓰는 햅틱 기술은 주로 VR 기기를 착용하는 사용자에게 진동이나 힘을 느끼게 해주는 것이었습니다. 이러한 햅틱과 달리 '텔레햅틱(telehaptic)'이란 기술이 있습니다. 텔레햅틱은 촉각을 원격으로 재현하는 기술을 말합니다. '멀리 떨어져 있음'을 뜻하는 '텔레(tele)'와 '만진다'는 뜻의 그리스어(haptesthai)에서 유래한 '햅틱(haptic)'을 합친 말이죠. '특정 물체가 센서에 닿으면 거기서 물체에 대한 촉각 정보를 수집'하고, 이를 '블루투스 통신으로 전송해 촉감을 재현하는 기기로 재생'하는 겁니다.

스마트폰에서 진동을 느끼게 하거나, 모션 시뮬레이터에 들어간 햅틱 기술은 특정한 촉감을 재현해서 실제로는 없는 무언가를 거기 있는 것처럼 느끼게 해줍니다. 정확하게 따지면 햅틱은 적극적으로 촉각적인 감지를 하는 거죠. 텔레햅틱도 없는 무언가를 있는 것처럼 느끼게 해준다는 것은 같지만, 직접 만졌을 때 느껴지는 촉감이 아니라 떨어져 있어도 느끼는 촉감을 재현하는 데 주력합니다. 원격으로 작업을 하거나 대화할 때 쓰이게 되죠.

예를 들어 2021년 4월에 ETRI(한국전자통신연구원)에서 개발한 텔레햅틱 기술을 살펴볼까요? 금속, 플라스틱, 고무 등의 촉감을 최대 15미터 떨어져 있던 사람이 손가락으로 느낄 수 있습니다. 특정 물체가 센서에 닿으면 거기서 물체에 대한 촉각 정보를 수집하고, 이를 블루투스 통신으로 전송해 촉감을 재현하는 기기로 재생하는 거죠. 물론 간단한 일은 아닙니다. 물체 재질을 읽어 내는 센서와 이를 재현하는 액추에이터(actuator, 작동 장치. 여기서는 전기, 유압, 압축 공기 등을 사용하는 원동기를 의미함), 실시간 데이터 제어 및 전송 등 여러 기술이 필요하지요.

이러한 기술을 이용하면 여러분이 가상 공간에 있는 반려동물 가게에 들렀을 때 실제로 가게에 가서 반려동물을 만지는 것과 같은 느낌을 줄 수 있습니다. 가게 주인이 실제 존재하는 반려동물들의 촉감을 데이터로 만들어서 여러분에게 전송하면 되지요.

메타버스 속 가상 공간을 쾌적하게 누리려면 우선 다양한 기기 디스플레이에서 얻는 시각적 경험이 좋아야 합니다. 여기에 가상 세계와 나를 이어 주는 텔레햅틱 기술이 보태진다면, 더 깊이 몰입할 수 있겠죠. 메타버스에서 생생한 화질로 가상 반려동물을 보며 보드라운 털을 쓰다듬거나 친구와 손을 잡으면서 손바닥이 맞닿는 기분을 느낄 수 있는 겁니다.

물론 아직 텔레햅틱 기술은 완전하지 않습니다. 촉각에 대한 표준 디지털 데이터베이스도 부족하고 더 정밀한 해상도가 높은 촉각 변환·재현 기술도 연구 단계에 있습니다. 다행히 지난 2021년 4월, 국제표준화 단체에서 촉각 신호를 재생하기 위한 국제 표준 규격에 대해 제안을 받기로 했습니다. 햅틱 규격 표준화가 이뤄지면 MP3 소리 파일이나 MP4 영상 파일처럼 더 많은 사람이 촉각 기술을 활용할 수 있게 될 것입니다.

현재 가상 공간에서 사용하는 것은 아니지만, 촉각 센서가 들어간 수술용 로봇은 이미 출시됐습니다. 2019년 에릭슨에서 발표한 「감각의 인터넷(Internet of Sense)」 보고서를 보면, 2030년쯤에는 스마트폰 화면에 보이는 물건의 재질도 느낄 수 있을 거라고 합니다. 이렇게 우리는 머지않아 멀리 있는 사람들과 직접 만나지 않아도 가상 공간에서 이어질 수 있겠죠. 실제 함께하듯 손을 잡고 안는 것을 느끼면서요.

메타버스 기기의 미래! 더 실감 나고, 더 즐겁고, 더 멋진 경험을 선사하라

'메타버스가 그래서 뭐라는 건지 난 잘 실감 나지 않는데?'

미디어에서는 연일 메타버스에 대해 큰 관심을 보이지만, 주변에는 이렇게 생각하는 사람들이 많습니다. 이런 생각도 당연합니다. 아직은 메타버스 세상을 실감 나게 해줄 만한 대중적인 기기가 없거든요. 대표적인 VR 기기인 오큘러스 퀘스트 2가 전작보다 100달러 저렴(299달러·국내 가격은 41만 4천 원)한 가격으로 나와 1년 만에 천만 대를 팔았지만, 이 기기를 두고 메타버스를 대표하는 기기라고 부르기엔 부족합니다. 다들 PC나 스마트폰을 주로 사용하는 지금, 가상현실이 얼마나 근사한지 느낄 수 있는 상황이 아닌 거죠. 아직까지는 PC나 스마트폰만으로도 즐겁고 편리하게 살 수 있기도 하고요.

그래도 메타버스 세상은 우리 삶에 다가오게 될 겁니다. 우리가 예상했든 예상하지 못했든 스마트폰이 필수품이 된 것처럼요. 지금의 스마트폰처럼 모두가 가상현실 기기를 손에 넣고 메타버스 세상을 돌아다닐 날이 오겠죠. 우리가 준비되지 않아도 빅 테크 기업들이 준비해서 배포할 테니까요. 마치 애플사가 운영체제와 다양한 애플리케이션 및 콘텐츠를 탑재한 아이폰을 내놓아서 정보통신 업계를 뒤흔들었듯이 말이죠.

현재 애플, 메타(전 페이스북)나 MS, 삼성 등 글로벌 빅 테크 기업들은 XR 기기 시장을 선점하기 위해서 본격적으로 경쟁하고 있습니다. 그동안 VR과 AR은 별개로 개발됐죠. 하지만 이 두 기술을 아우르는 MR 기술이 나왔는데요. XR은 MR에서도 한발 더 나아가 하나의 기기로 VR과 AR 경험을 가능하게 만들 겁니다. 이 두 기술이 풀어야 할 과제도 비슷해서 이 분야에서 연구 개발을 하는 기업들도 겹칩니다. 그래서 가상현실 기술을 한 번에 칭하는 용어인 XR이 나온 것이지요. XR이야말로 메타버스 세상을 여는 중요한 열쇠가 되어 줄 것입니다.

XR 기기를 향한 빅 테크들의 경쟁이 시작되다!

지금 시중에 나와 있는 AR 글래스는 구글 글래스와 마이크로소프트의 홀로렌즈입니다. 구글은 지난 2012년 4월 '프로젝트 글래스'라는 유튜브 영상을 통해 구글 글래스의 프로토타입을 처음으로 공개했고, 이후 '구글 I/O 2012'에서 구글 글래스를 선보였지만 별다른 반향을 일으키지 못하고 단종됐죠. 이후 2017년에 구글 글래스 엔터프라이즈 에디션(Google Glass Enterprise Edition)을 내놓았고 2019년 이후부터는 '글래스 엔터프라이즈 에디션(Glass Enterprise Edition)'이라는 이름으로 구글 고객사에만 팔고 있습니다.

구글 글래스는 증강현실의 사례와 가능성을 확인하는 것일 뿐, 시장을 개척하지는 못했어요. 손쉽게 쓸 수 있는 기기도 없고, 이 기기를 활용할 수 있는 콘텐츠도 별로 없기 때문입니다. 하지만 구글은 포기하지 않고 2024년 발매를 목표로 '프로젝트 아이리스'라는 독립형 AR 기기를 제작하는 중입니다.

마이크로소프트는 2015년에 AR 기기인 홀로렌즈를 공개하고, 지금까지 꾸준히 제품을 개발했습니다. 2020년 11월 2일 AR 글래스를 넘어 MR용 홀로렌즈 2를 공개했지요. 이것은 현재 판매되는 AR 기기 중 가장 높은 완성도를 갖췄다는 평가를 받습니다. 다만 아직까지 홀로렌즈 2는 산업용 기기로만 사용됩니다. 500만 원대인데다가 개인이 이용할 수 있는 콘텐츠가 없기 때문입니다.

하지만 조금 더 시간이 지나면 AR과 VR 기기가 통합되는 기기가 나올 겁니다. 이게 바로 XR 기기가 될 거고요. 현재 XR 기기는 헤드셋 형태로도, 외부에서도 손쉽게 사용할 수 있는 안경 형태로도 개발되고 있습니다.

애플사는 독자적으로 개발한 M1맥스 시스템 온 칩(System on Chip, SoC)이 탑재된 AR 헤드셋을 앞으로 공개할 예정이라고 합니다. 또 2025년에는 XR을 지원하는 '애플 글래스'를 출시한다는 관측도 나오고 있습니다.

한편 2021년 2월 IT 팁스터(인터넷 사이트 등에서 스포츠 이벤트의 결과나 IT 기업들의 제품군을 예상하고 그 결과에 대한 정보를 정기적으로 제공하는 사람)인 워킹캣이 트위터에 삼성전자의 AR 글래스(AR Glasses)와 글래스 라이트(Glasses Lite) 영상으로 추정되는 자료를 공개해서 주목을 받았습니다. 영상에 나온 '삼성 AR 글래스 라이트'는 뿔테 안경 형태로, 가상 화면을 제공하는 것은 물론 삼성 갤럭시 워치로 조작할 수 있고 화상 통화나 1인칭 시점의 드론 조종 등을 지원하는 것으로 보입니다. 삼성은 세계 최대 이동 통신 전시회인 '모바일 월드콩그레스(MWC) 2022'에서 이 AR글래스 제품을 출시할 예정이라고 밝혔습니다.

그렇다면 이렇게 차세대 기기를 개발하기 위해 앞으로 생각해야 할 문제들은 무엇이 있을까요? XR 기기는 우선 더 작고 가벼운 형태로 현실 PC 모니터나 스마트폰을 대신할 수 있어야 할 것입니다. 음성과 손 제스처를 써서 자연스럽게 인터넷과 메타버스 세상을 즐기거나, 화상 채팅을 할 수도 있어야 할 테고요.

이를 위해서는 우리가 실제로 볼 수 있는 범위(시야각)와 유사하게 넓은 시야를 보여 주는 디스플레이가 나와야 합니다. 이때 디스플레이는 투명과 불투명 모드를 오갈 수 있다면 좋겠지요.

또 인공지능에 중점을 두어 기술을 개선할 필요가 있습니다. 여러분 눈앞에 360도 디스플레이가 구현되고 있다고 상상해 보세요. 학교를 가는 중에, 공부하는 중에, 혹은 산책이나 운동을 할 때 눈앞에 무언가 나타나는 겁니다. 이때 아무거나 막 띄우면 곤란하겠죠. 그래서 기기는 사용자의 상황을 이해해야 합니다. 인공지능 AI는 이 상황을 인식하는 역할을 합니다. 여러분이 거리를 걷다가 어떤 상점이 궁금하다면 AI가 여러분의 시선을 따라 상점을 인지하고 여러분이 착용하는 XR 기기에 상점 정보를 띄워 줄 수 있을 테고, 이건 꽤 편리한 일이 될 겁니다.

또한, 우리 눈앞에 가상 이미지 디스플레이를 늦게 띄우지 않으려면 지금보다 더 빠른 네트워크도 필요합니다. 기기의 크기와 전력을 줄이면서 성능은 높여야겠지요.

하드웨어인 기기뿐 아니라 소프트웨어의 개선도 필요합니다. 실제 사물로 구성된 시야에 완전한 디지털 이미지가 하나 있으면, 이건 당연히 가짜처럼 보이겠죠? 그래서 인공지능을 이용해서 현실감을 줄 수 있는 컴퓨터 그래픽의 조명 기술도 발전해야 합니다.

그리고 가치 있는 콘텐츠도 있어야 합니다. 여기에 바로 여러분의 상상력이 필요하지요.

여러분이 계속 관심을 갖고 다양한 메타버스 콘텐츠와 기기 발전에 참여한다면 XR 기기가 스마트폰이나 컴퓨터, TV 등을 대체할 날은 그리 멀지 않았다고 생각합니다. 이 기기들이 메타버스 문을 활짝 열어 주겠죠!

03

Chapter

메타버스는
우리 세상에서
어떻게 활약할까?

산업, 교육, 생활 속에서 가상현실과 메타버스가
어떻게 쓰이는지 살펴보다

우리는 가상현실 기술이 얼마큼 발전했는지, 메타버스가 가상현실과 무엇이 다르고, 왜 의미가 있는 것인지에 대해 이야기해 보았습니다. 하지만 지금 당장 메타버스가 우리 삶을 어떻게 변화시키고 있는지 잘 와 닿지 않을 것입니다.

왜냐하면 아직 메타버스 세상이 도래한 것은 아니니까요. 사실 가상의 아바타와 메타버스, 가상현실과 증강현실을 어떻게, 어디까지 우리 현실에 적용할지에 대한 인식은 저마다 다를 수밖에 없습니다. 그래서 누군가는 메타버스를 존재하지 않는 것이라고 비판하고 누군가는 메타버스에 열광하고 있는 것입니다.

이러한 상황이지만, 그래도 현재 메타버스를 향한 기술들은 각자 생각하는 이상적인 메타버스를 구현하기 위해 저마다 진화해 가고 있습니다. 그러면서 우리가 사는 현실 세상을 조금씩 변화시키고 있죠. 그럼, 가상현실과 메타버스가 어떻게 우리 현실에 변화를 일으키는지 하나씩 살펴볼까요?

아바타, 또 다른 나와
살아가는 세상

제페토 플랜아이 월드를 탐방하는 제 아바타입니다   ⓒ플랜아이

좋아하는 것도, 하고 싶은 것도 많은 여러분은 다양한 면모를 가지고 있습니다. 조금 어려운 말로, 여러분은 누구나 멀티 페르소나(multi persona)를 가집니다. 멀티 페르소나는 한 사람이 여러 개의 가

면을 바꿔 쓰는 것처럼 상황에 따라 다양한 정체성을 갖는 것을 의미합니다. 페르소나가 그리스어로 '가면'이라서 타인에게 보이는 외적 인격을 뜻하기 때문이죠. 그 말대로 우리는 이런 성격도, 저런 성격도 갖고 있습니다. 도저히 완벽하게 정의할 수 없는 다채로운 모습을 갖고 있죠.

그런데 이 이야기 왠지 익숙하지 않나요? 마치 메타버스 플랫폼 속에 있는 우리 이야기 같습니다. 가장 대표적인 메타버스 플랫폼인 제페토를 떠올려 보죠. 제페토에서 우리는 인공지능과 AR 기술을 이용해 자신만의 아바타를 만듭니다. 그 아바타는 실제의 '나'를 닮을 수도 있고, 아닐 수도 있습니다. 그리고 아바타로 현실과 닮은 제페토 월드를 자유롭게 누비고 다닙니다.

현실에서는 소심한 사람도 제페토에서는 처음 본 아바타와 사진 찍고 과감하게 말을 걸기도 합니다. 그 안에서 나이나 성별은 중요하지 않습니다. 현실에서는 춤을 전혀 못 춰도 제페토 안에서는 멋지게 춤을 출 수도 있고요. 평소 화장을 하지 않는 사람도 아이돌 화장을 하고 매력적인 스킨에 아낌없이 지갑을 열기도 합니다. 현실에서는 너무 비싸서 살 엄두가 나지 않는 명품도, 가상현실 속 NFT로 만든 명품은 부담 없이 사기도 하고요.

우리가 현실에서는 보일 수 없었던 수많은 나를 아바타로 자유롭게 보여 줄 수 있고, 그걸 캐릭터로 만들고 즐기는 일은 꽤 행복한 일입니다. 그래서 많은 사람들이 제페토를 이용하는 거겠죠. 그런데 이런 것을 꼭 메타버스 플랫폼에서 해야 할까요? 사실 SNS에서도 어느 정도 가능한 일이니 이런 의문이 들 법도 합니다.

여기서 잠깐 가면무도회를 떠올려 볼까요? 13세기 베네치아에서 시작되어 루이 14세 때 프랑스 베르사유 궁전에서 열리던 그 가면무도회 말이죠. 당시 사람들은 아름다운 가면을 쓰고 누가 누구인지 모르는 상태에서 평소 나와는 전혀 다른 모습으로 자유롭게 시간을 보냈습니다.

메타버스 플랫폼이 SNS와 다른 점이 바로 여기에 있습니다. 메타버스 플랫폼에서는 아바타들을 아무리 실제 모습에 가깝게 만든다고 해도 어느 정도 익명성이 보장됩니다. 마치 가면무도회처럼요. 가상현실 기술이 가세하면서 현실의 제약을 넘어 다양한 나를 솔직하고 과감하게 보여 줄 수 있게 되는 거죠.

SNS에서는 아무리 다른 성격을 내보인다고 해도 어느 정도 한계가 있습니다. 일단은 '현실의 나'가 그대로 드러나죠. 그러면서도 솔직해지기 어렵습니다. 모두 좋은 일, 행복한 일만 보여 주고, '더 예쁘고 멋진 나'를 보이기 위해 사진을 수정하죠.

하지만 메타버스는 다릅니다. 실제 모습과 다른 모습이건, 같은 모습이건 아무 상관없습니다. 굳이 좋은 일만 올리려고 내 삶에서 일어난 일들을 재단하거나 엄선할 필요가 없죠. 그저 행동하고 싶은 대로 행동하면서 플랫폼이 제공하는 다양한 게임을 하고 예쁜 사진을 찍고 춤을 추고 친구들을 만나거나 좋아하는 사람들을 팔로우하며 즐거운 시간을 보내면 됩니다.

다양한 '나'로 실패도 해보고, 성공도 해볼 수 있는 곳

여러분이 현실 세계에서 일을 하기는 쉽지 않습니다. 일을 하려고 하면, 경제적인 활동은 어른이 됐을 때 하고, 그저 학생의 본분을 지키면서 공부나 하라는 말을 듣겠지요. 하지만 메타버스 플랫폼에서는 여러분도 쉽고 재밌게 일을 할 수 있습니다. 누구든 조금만 공부하면 메타버스 플랫폼에서 게임이나 아바타 의상 등을 만드는 콘텐츠 크리에이터가 될 수 있습니다.

로블록스의 사례를 먼저 봅시다. 2021년 5월 17일 기준으로 로블록스에는 게임이 적어도 4000만 개 이상 있고, 개발자는 127만 명에 달합니다. 이들이 모두 전문적인 게임 개발자인 것은 아닙니다. 프로그래밍을 전혀 모르는 사람도 있고요. 여러분과 같은 청소년도 있습니다.

제페토에서는 어떨까요? 많은 사용자가 제페토의 의상 디자인 툴을 써서 디자인을 하고 있습니다. 디자이너가 되는 데 나이는 아무 상관이 없지요. 2021년 기준으로 아바타 의상을 디자인하는 사용자는 50만 명, 이들이 만든 아이템 수만 1500만 개에 달합니다.

메타버스 플랫폼 안에서 여러분은 현실에서는 시도하기 어려웠던 일을 시도해 보고 실패와 성공을 할 수 있을 겁니다. 그러면서 좀 더 나 자신에 대해 알게 되고, 또 무엇을 하면 좋을지도 더 알게 되겠지요. 나와 또 다른 내가 조화롭게 공존하며 서로 영향을 주고받는 세상! 이게 바로 메타버스 플랫폼이 성공하는 이유이자 앞으로도 나아가야 할 방향이 아닐까요?

가상현실과 메타버스, 한계를 뛰어넘어 교육의 다양성을 주다

다른 사람의 입장이 되어 보는 것

'나'는 중학교 교실 한복판에 있습니다. 아이들 몇이 '나'를 둘러싼 채 위협합니다. '나'를 가리키며 왕따라고 부르고 덩치 큰 친구가 '내' 책상을 세게 두드립니다. 이 모습을 바로 코앞에서 바라보니 가슴이 철렁합니다.

다행히 실제 상황은 아닙니다. 현실 속 여러분은 많은 사람들에게 사랑받는 존재일 겁니다. 하지만 그렇기 때문에 왕따가 되는 기분과 누군가를 따돌리는 행동이 얼마나 나쁜 것인지 잘 모를 수도 있죠. 그래서 잠시라도 따돌림 피해자가 되어 보는 것은 중요합니다. 따돌림 받는 일이 무척 고통스럽다는 것을 경험하면, 따돌리는 행위에 대해 깊게 생각해 볼 수 있고, 더 적극적으로 막을 수 있을 것입니다.

이렇게 직접 따돌림을 당하는 피해자가 되어 보는 게 어떻게 가능한 걸까요? 바로 가상현실 기술 덕분입니다.

 왕따 VR 체험
경희대학교 아동가족학과 동아리 청디가드에서 제작한 영상
KHU x YOUTH PROTECTOR 유튜브 채널

다른 사람의 입장이 되어 보는 것에 대한 VR 연구는 바로셀로나 대학교 가상현실연구소의 멜 슬레이터 교수가 유명한데요. 슬레이터 교수는 가상현실 기술을 이용해서 몇 가지 실험을 했습니다. 슬레이터 교수의 실험에서 한 백인 여성은 HMD를 쓰고 가상현실 속으로 들어갔습니다. 그녀는 그 속에서 흑인 여성이 됩니다. 흑인이 된 자기 모습을 직시하면서 무의식적으로 가졌던 인종에 대한 편견을 줄일 수 있었다고 합니다.

또, 가상현실에서 알베르트 아인슈타인의 신체를 가졌던 사람은 어떤 문제를 두고 마치 아인슈타인처럼 한 번 더 깊게 생각하게 되었다고 합니다. 지금 당장 알베르트 아인슈타인의 신체가 되었다는 인식이 평소에는 접근할 수 없었던 생각들을 발굴해 낼 수 있게 한 거죠. 표본이 적기는 하지만, 실험 결과 VR로 아인슈타인이 되어 본 사람들은 인지 능력 테스트에서 평소보다 더 나은 결과를 얻었습니다. 그 외에도, 가상현실 속에서 가정 폭력 피해자가 되는 경험은 가정 폭력 가해자가 재활하는 데 큰 도움을 주었죠.

슬레이터 교수는 '우리의 뇌는 급격한 변화를 받아들이는 일에 놀

라울 정도로 유연하기' 때문에 이런 일들이 가능하다고 했습니다. 시각은 인간에게 가장 강력한 감각 입력 도구입니다. 그래서 VR 기기 같은 시각 디스플레이는 신체에 대한 착각을 불러일으킬 수 있다는 것이죠. 가상의 신체가 거울에 비친 실제 몸의 운동을 모방하면 뇌는 빠르게 그것이 자신이라고 가정합니다.

이 실험들은 가상현실 기술의 여러 가능성을 보여 줍니다. 가상현실에서 장애인이나 노약자가 되는 체험을 하면 우리는 상대방을 더 잘 이해할 수 있을 겁니다. 이 실험에 참여한 사람들은 가상현실에서 다른 사람이 되어 보니 상대방을 잘 이해하게 되었고 상대방의 처지에서 문제를 보게 되었다고 말했거든요. '상대방의 입장이 되어 보자'고 공허하게 외치는 것보다 가상 공간에서나마 실제로 '상대방의 입장'이 되어 보는 것이 더 효율적이라는 것은 두말할 필요가 없겠죠.

물론 슬레이터 교수는 이 방법이 범죄 등 해로운 행동을 유발하는 데에도 사용될 수 있기 때문에 윤리적인 논의가 꼭 필요하다고 지적합니다. 가상현실에서 다른 사람이 되면 실제로도 더 나은 사람이 될 수도 있겠지만, 가상현실을 옳은 방향으로 제대로 사용하기 위해서는 결국 우리의 노력이 필요하다는 것이죠.

안전 교육도 가상현실에서?!

지진이 일어나면 땅이 흔들리고 물건들이 사정없이 떨어져 내립니다. 최근 우리나라에도 지진이 일어나는 일이 잦아 더 이상 지진 안전지대가 아니라는 생각이 듭니다. 그런데도 지진 안전 교육은 책자나 영상을 보여 주는 등 피상적으로 하고 있지요.

안전 교육 지진 대피 훈련
VR 안전 교육 예시 : (주)브이브이알(VVR Co.Ltd) 영상
SPODY 공식 유튜브 채널

가상현실 기술을 이용하면 지진이 정확하게 어떤 재난인지 체험해 볼 수 있습니다. 대피 요령 역시 설명을 듣거나 영상으로 보는 것 이상으로 쉽고 명확하게 배울 수 있고요. 우리는 가상현실 속에서 지진이 일어나는 상황에 쉽게 몰입할 수 있기 때문입니다. 게다가 실제

현실은 아니기 때문에 안전하고요. 지진 상황뿐만이 아닙니다. 특정한 사고나 재해를 예방하거나 피해가 발생했을 때, 신속하고 정확하게 대처하기 위해 효과적인 안전 교육을 반드시 해야 하지요.

사회적경제기업인 SLC 안전생활문화원은 VR 기술을 활용해서 교통안전 체험 교육을 합니다. 교통사고가 나는 상황을 가상 공간에서 미리 체험해 보는 거죠. 가상현실에서 운전을 하다 갑자기 누군가가 뛰어나오는 상황에 대처해 보고, 속도위반 등 교통 법규를 위반하면 어떤 일이 일어나는지 경험해 볼 수도 있습니다.

도로교통공단도 VR을 이용해서 교통안전 교육을 실시합니다. 과속, 난폭 운전, 음주 운전 등 법규 위반자들이 HMD와 모션 시뮬레이터 등을 이용해서 가상현실 속으로 들어갑니다. 그들은 VR로 가상 교통사고 상황을 체험하는데요. 가상 공간에서 실제 사고와 유사한 체험을 하면서 경각심을 키울 수 있지요.

또, 농촌진흥청은 농기계 사고를 대비한 교육을 할 때 VR 기술을 이용합니다. 농업 기계 안전사고는 2017년 기준 1,494건으로 사망자만 105명, 부상자는 1,291명에 달합니다. 안전사고는 대부분 경운기와 트랙터에서 생기지요. 농업 기계 교통사고의 치사율은 자동차 교통사고의 6배로 매우 치명적입니다. 이를 막고자 가상현실에서 경운기나 트랙터 시뮬레이터로 안전 교육을 진행합니다.

운전자가 전후좌우에 있는 모니터에 나오는 가상현실 영상을 보면서 장치를 조작하며 체험 교육을 합니다. 도로 주행이나 작업 등 기능 연습뿐 아니라 신호 위반, 야간 운행에서 일어날 수 있는 사고까지 안전하게 체험할 수 있습니다.

　가상현실에서 화재를 진압해 보는 체험도 가능합니다. 화재는 초기 진압이 중요해서 소방관들이 올 때까지 마냥 기다리기보단 직접 소화기를 쓰는 방법을 익힐 필요가 있죠. 하지만 일반 사람들이 불이 난 상황에서 바로 소화기를 들고 화재를 진압하기는 사실 쉽지 않습니다. 그래서 가상현실 기술을 이용해서 가상 소화기를 사용해 화재를 진압해 보는 경험은 매우 유용합니다.

　심폐 소생술 교육도 가상현실로 해볼 수 있습니다. 2021년 6월에 서울 삼성동 코엑스에서 열렸던 '서울 가상증강현실 엑스포 2021'에서는 대구보건대학교가 심폐 소생술 훈련 프로그램 'CPR 하트'를 선보였습니다. CPR 하트를 이용하면 가상현실 속에서 교통사고나 심장 마비 등 응급 상황을 겪게 됩니다. 따라서 실제 상황처럼 심폐 소생술을 훈련할 수 있습니다.

　VR뿐 아니라 AR 기술도 안전 교육에 활용되고 있습니다. AR 기술로 미세먼지 성분을 가상 이미지로 보여 주는데요. 사람들이 스마트폰으로 미세먼지를 바로 눈앞에서 확인함으로써 미세먼지가 얼마나 몸에 유해한지 깨달을 수 있지요.

학교로 찾아간 가상현실과 메타버스?!

 인체가 소화되는 과정을 가상현실에서 볼 수 있는 VR 예시
교육용 가상현실 플랫폼 제작 업체 Seymoyr&Lerhn의 영상

가상현실 기술의 한계는 어디일까요? 특히 교육 분야에서 한계란 없는 것처럼 느껴집니다. 여러분은 가상현실 속에서 음식이 되어 몸속으로 들어가 인체 탐험을 할 수도 있고, 고대 이집트를 여행할 수도 있습니다. AR을 통해 화산이 폭발하는 순간을 바로 코앞에서 지켜볼 수도 있고, 달 표면에 발자국을 찍을 수도 있습니다. 식물이 되어 광합성을 하면서 광합성의 원리를 깨우칠 수도 있겠죠.

무엇보다 교실 풍경이 달라질 수 있습니다. 여러분이 다니는 학교 교실을 잠시 떠올려 볼까요? 보통 선생님이 앞에 있고 학생들은 선생님의 설명을 듣습니다. 물론 모둠 활동도 있고, 발표 활동도 있지만 대체적으로 선생님에게 수동적으로 수업을 받죠. 그런데 가상현실 기술을 이용하면 사뭇 다른 풍경이 펼쳐지게 됩니다.

EBS 실감형 앱 등 다양한 AR앱을 활용한 수업을 예로 들어 볼까요? 학생들은 스마트폰이나 태블릿 PC를 들고 각자 무엇을 해야 하는지를 정합니다. 선생님들은 학생들 앞이 아닌 옆에서 학생들과 함께하죠. 학생들은 자신들이 하고 싶은 것을 선택합니다. 그림을 그리기도 하고 가상 공간에서 가상의 공간을 꾸미는 활동을 할 수도 있습

니다. 예전에는 건축과 관련한 수업을 하려면 영상을 보거나 책을 함께 보는 방법이 가장 손쉬웠는데요. 이제는 가상 공간에서 여러분이 직접 공간을 꾸밀 수 있는 것이지요.

또, 컴퓨터 정보통신 수업은 어떨까요? 보통 컴퓨터 수업은 학교 컴퓨터실에서 이루어집니다. 그런데 컴퓨터실의 컴퓨터는 한정되어 있고 공간도 제약이 있죠. 하지만 실감형 가상현실 앱을 이용한다면 교실에서 스마트 기기를 가지고 알고리즘이나 코딩 등을 배울 수 있습니다.

또, 음악 수업과 사회 수업을 함께할 수도 있습니다. 실감형 앱을 활용하면 교실 안에서 바로 여러분 눈앞에 우리나라 지도를 띄우고 경기도가 어디 있는지 확인한 뒤 경기도 민요 '닐리리야'를 배울 수도 있거든요. 이렇게 한다면 어느 지역에 어떤 민요가 있는지, 더 쉽게 기억할 수 있을 것입니다. 시간과 공간의 제약을 받지 않고 스스로 학습하고 이해하는 수업이 가능한 것입니다.

한편 AR을 이용한 대표적인 수업에는 지스페이스도 있는데요. 우리나라에서는 윤리적인 문제로 동물 해부 실습이 초등학교 교육 과정에서 빠졌죠. 그런데 지스페이스의 과학 콘텐츠를 통하면 가상의 개구리를 가지고 해부 실습을 할 수 있습니다.

 지스페이스 광고
지스페이스 공식 유튜브 채널 영상

이뿐만이 아닙니다. 아예 메타버스 세상에 따로 교실이 만들어질 수도 있습니다. 팬데믹 상황이 길어지면서 온라인 수업을 많이 하지요. 대표적인 회의 앱 '줌'을 주로 쓰고 있지만, 최근에는 VR로 원격 회의나 교육 공간을 제공하는 '인게이지', 웹 기반(웹 브라우저에서 이용하는 응용 소프트웨어)의 메타버스인 '개더타운'과 'SPOT', 'ZEP', '아반티스월드' 등 다양한 메타버스 플랫폼에서 수업을 하는 일이 늘고 있습니다.

 ZEP 누리집

특히 SPOT이나 개더타운, ZEP은 여러분만의 가상 교실을 만들 수 있습니다. 여러분은 SPOT이나 개더타운, ZEP에 등교하고 학교 생활을 하고 친구들과 채팅을 하면서 이야기를 나눌 수 있습니다. 그야말로 가상 공간에 진짜 학교가 들어간 것이지요!

대표적인 메타버스 플랫폼인 제페토도 학교 공간을 만들어 반대항 활동을 하거나, 화성 탈출 맵 등 다양한 교육용 맵을 활용해서 즐겁게 수업할 수 있습니다.

다만 아직 많은 메타버스 플랫폼들이 15세 미만 아동 청소년들의 사용을 허가하지 않은데다가, 선생님에 따라 체험을 하지 못하는 경우도 많고 비용이 비싼 서비스도 있어서 누구나 사용하기는 쉽지 않습니다. 지금보다 더 쉽게 사용할 수 있는 무료 프로그램들과 메타버스 플랫폼들이 하루빨리 등장하길 기대해 봅니다.

메타버스 캠퍼스에서 학교 축제를!

대학 총장님과 다 함께 모여 기념사진을 찍고, 꽃잎이 흩날리는 퍼레이드도 하고, 고양이와 함께 놀다가 아바타로 탑 쌓기도 한다면 어떨까요?

숙명여자대학교는 2021년 청파제(숙명여자대학교 축제)를 메타버스에서 열었습니다. 학교가 자체적으로 개발한 메타버스 캠퍼스인 '스노우버스'에서 한 것인데요. 놀랍게도 약 3천여 명이 참여했다고 합니다. 3천여 명이 가상 공간과 현실 캠퍼스를 넘나들며 대학 축제를 즐긴 거죠. 스노우버스는 가상 공간을 또 하나의 현실로 만들었다는 점에서 말 그대로 '메타버스'라고 할 수 있습니다.

스노우버스에 실감 나게 구현된 숙명여자대학교 제1캠퍼스에서 퍼레이드와 게릴라 이벤트, 달리기 시합, 아바타 탑 쌓기, 방 탈출 등 프로그램을 진행했습니다. 실시간 채팅과 음성 채팅으로 많은 학생들이 하나가 될 수 있었답니다. 이 놀라운 메타버스 공간에서는 재학생뿐 아니라 실제 캠퍼스에서 지내는 숙냥이(고양이)들도 함께했죠. 숙명여자대학교 출신인 전 국가 대표 골프 감독 박세리도 재학생 플레이어와 함께 실시간 가상 골프 게임과 먹방을 했고요. 메타버스에서 사람과 사람이 연결되는 것이 어디까지 가능할지 생각해 보게 하는 사례입니다.

지금과 같이 대면과 비대면이 교차하는 삶 속에서 메타버스 플랫폼은 우리가 현실에서만 가능하다고 생각했던 많은 것들을 가상 세계로 불러올 수 있게 할 것입니다. 그 즐거움은 오로지 여러분의 몫이 될 테고요.

자폐 아동들에게 새로운 희망이 되다!

메타버스는 특수 교육이 필요한 아동들에게도 도움을 줍니다. 게임 마인크래프트는 자폐증을 가진 아동들이 새로운 친구를 사귈 수 있도록 돕고 있습니다. 사실 온라인 비디오 게임은 늘 반사회적이라는 이야기를 들어 왔죠. 그런데 자폐 아동들을 위한 마인크래프트 서버인 '어트크래프트(Autcraft)' 커뮤니티에서는 현재 자폐 아동 수천 명이 마인크래프트를 하면서 친구를 사귀고 있습니다.

어트크래프트는 2013년에 캐나다의 웹 개발자인 던컨이란 사람이 자폐증이 있는 어린이와 그 가족을 위해 만들었습니다. 사실 자폐 아동들도 무작위로 생성된 황야를 탐험할 수 있는 마인크래프트에 푹 빠졌지만, 다른 플레이어들에게 따돌림을 당하는 경우가 많았어요. 그래서 처음에는 이 아동들이 괴롭힘이나 따돌림에서 도망칠 공간으로 만든 것이라고 합니다.

현재 어트크래프트는 아이들이 좋아하는 게임을 마음 편히 하면서 사교적인 경험을 할 수 있는 대안 공간이 되고 있습니다. 자폐 아동들은 일상에서 다른 사람의 생각이나 행동을 이해하기가 어렵습니다. 그런데 어트크래프트는 현실 세계에서 자폐 아동들이 받는 스트레스를 줄여 줍니다. 주의를 산만하게 하는 시끄러움도 없고, 다른 사람들의 표정을 읽거나 눈을 마주치는 것을 걱정할 필요도 없죠.

어트크래프트에서 아이들은 정말 오롯이 자기 자신이 될 수 있습니다. 자폐 아동들이 현실의 스트레스 없이 자신을 표현하고 사람들과 의사소통을 하면서 사회적인 기술을 배우고 관계를 만들게 됩니다. 물론 어트크래프트가 현실 세계를 탐색하는 데 필요한 사회적 기술을 가르치는 것은 아닙니다. 하지만 어트크래프트는 메타버스가 교육에서 어디까지 활용되고 얼마만큼 좋은 일을 할 수 있는지 단적으로 보여 주지요.

가상현실, 메타버스와 만난
다양한 산업들, 일이 달라지고 있다!

좀 더 안전하게! 좀 더 편리하게!

가상현실 기술은 제조업에도 많은 변화를 가져오고 있습니다. 자동화가 많고, 현장에서 작업자가 이동하면서 기계와 프로세스의 모든 데이터를 시각적으로 볼 수 있기 때문입니다.

만약 아직 일이 서툰 직원이 홀로 공장에 나온 상황을 떠올려 볼까요? 그 직원은 MR 홀로렌즈나 XR 글래스 등 가상현실 기기를 착용한 채 공장을 돌아다니며 글래스에 붙은 카메라를 보고 화상 회의 앱으로 상사와 함께 실시간으로 현장 상황을 공유합니다. 그러면 상사는 집에서 문제를 파악하고 조언해 줄 수 있지요.

혹은, 다른 지역에 있는 공장에서 일이 생겼을 때, 예전에는 본사에 있는 직원이 직접 출장을 다녀와야 했습니다. 하지만 지금은 가상현실 기기를 착용하고 각자의 자리에서 의견을 주고받으며 문제를 해결할 수 있습니다.

꿈같은 이야기 같지만 현실입니다. 바로 뷰티 제품 기업 로레알의 제품 생산 공장 이야기인데요. 로레알 공장의 근무자는 기계 설비에 문제가 생기면 화상 회의 애플리케이션으로 기술자와 현장 상황을 실시간 공유합니다. 기술자는 문제가 생긴 부분을 원격에서 파악하고 이를 해결할 절차를 홀로그램을 활용해 알려 주지요. 그 결과, 문제를 해결하는 데 기존보다 절반의 시간밖에 걸리지 않는다고 합니다.

제조 산업만 이런 변화를 겪는 게 아닙니다. 건설 산업도 마찬가지입니다. 효율성을 위해 모든 절차를 디지털로 만들어 가상현실로 건설 현장을 미리 둘러보게 하는 거죠. 이 가상 공간에서는 안전 교육을 할 수도 있고요. 특히 마이크로소프트에서 개발한 홀로렌즈를 다방면으로 이용하는 경우가 많습니다.

도로, 교량, 공항, 고층 건물, 산업 등 인프라 공학 소프트웨어를 개발하는 기업인 '벤틀리시스템즈'는 홀로렌즈 2로 건축 설계와 같은 모양의 4D 모델을 시각적으로 만들어 주는 애플리케이션 '싱크로 XR'을 개발했습니다. 이를 통해 건축의 진행 상황이나 현장에 잠재된 위험이 없는지 등을 미리 확인합니다.

석유업체 쉐브론은 홀로렌즈와 다이나믹스 365 리모트 어시스트를 통해 직접 만나지 않고도 버튼 하나로 매뉴얼, 도면 등 데이터를 공유하며 협업할 수 있는 기반을 마련했습니다. 예를 들어 재택근무 중인 전문가의 컴퓨터 모니터로 홀로렌즈를 착용한 현장 직원의 상황을 공유하면, 전문가가 직원에게 단계별 안내를 제공해 문제를 해결하는 것이죠.

여행을 하는 다양한 방법

코로나19 팬데믹 때문에 우리의 삶은 많은 것들이 달라졌죠. 특히 관광 산업의 타격이 컸는데요. 많은 사람들이 밖으로 나가지 않고 주로 집에서 놀고 즐기기 시작했기 때문입니다. 이러한 때 가상현실 기술과 메타버스가 관광 산업에 새로운 대안이 되어 줄 수 있습니다. 메타버스 플랫폼에서라면 사람들은 자유롭게 함께 어울리며 여행을 다닐 수 있으니까요.

2021년 8월, 서울시는 제페토에 서울 한강 공원 맵을 만들었죠. 아바타들이 강변 벚나무 밑에서 사진을 찍고, 뱃놀이를 즐기거나 남산 N서울타워와 무지개 분수도 감상합니다. 편의점에서는 라면도 끓여 먹고요. 전 세계에서 2천 2백만 명이 한강 공원 가상 공간을 찾았습니다.

2021년 10월에는 인천 트래블 마켓이 메타버스 플랫폼에서 진행됐는데요. 송도 현대 프리미엄 아울렛을 가상 공간에 구현하고 관광 부스를 차려 거기서 인천 관광지를 홍보한 것이죠.

이런 움직임은 비단 메타버스 플랫폼에서만 일어나는 일은 아닙니다. 우리나라 대표 관광지들도 메타버스 개념의 지역 관광을 시도하

고 있어요. 현재 적극적으로 가상현실 기술을 활용하는 곳은 목포와
제주, 경주, 안동이 있습니다. 특히 목포는 포켓몬 고처럼 '퍼퓸 오브
더 시티(Perfume of the City): 목포'라는 AR을 이용한 게임을 관광 산
업에 결합했죠. 전라남도 목포에서 차량 공유 서비스 기업인 쏘카의
차량을 타고 약 7km 구간을 이동하며 목포 명소들을 탐험하는 미션
게임인데요. 가상의 조향사가 되어 목포의 향을 담은 향수를 만들어
달라는 의뢰를 받고 목포의 명소에 숨겨진 '증강현실을 결합한 미션'
을 수행하면서 향수 재료가 되는 에센스들을 모으는 거죠.

 퍼퓸 오브 더 시티
목포 애플리케이션 다운로드 주소

이런 게임뿐 아니라 본격적으로 AR 글래스를 활용한다거나 스마트폰에 AR 앱을 활용해서 박물관 전시물이나 현재 남은 유적 위로 설명을 덧입혀 볼 수 있습니다. 위키튜드는 여행 가이드용 증강현실 앱인데요. 스마트폰 카메라로 주변을 비추기만 하면 관광 명소나 맛집 등 다양한 주변 정보를 사용자에게 알려 줍니다. 위키피디아와 구글에 담긴 수많은 정보들이 스크린의 이미지 위로 떠오르죠.

또, AR 기술을 이용하면 전쟁 중에 사라진 귀중한 문화유산들을 가상현실로 복원할 수 있습니다. 덕분에 우리는 현재 1238년 몽골 침입으로 소실된 황룡사에 들어가 볼 수도 있습니다. 황룡사는 신라 진흥왕 14년인 553년 처음 세우기 시작해 무려 90여 년이 지나 선덕여왕 14년인 645년에 모습을 갖춘 신라 시대 최대 사찰이죠. 문화재청 국립문화재연구소가 황룡사의 일부를 증강현실 기술로 복원해서 이제는 여러분이 황룡사지를 방문하면 태블릿 PC로 황룡사 내부까지 들어가 볼 수 있게 됐습니다.

 황룡사 복원 AR에 대한 설명
대한민국 정부 공식 유튜브 채널

그 밖에 105년 역사를 자랑하는 부산 1호 근대 도심 공원인 용두산공원도 메타버스와 증강현실을 활용한 첨단 공원으로 단장할 예정입니다. 방문객은 가상 공간에서 소통하고 방문처에서 HMD 기기를 써서 가상으로 만들어진 부산의 여러 관광지를 두루 여행할 수 있습니다. 아울러 공원 곳곳에 용두산을 주제로 한 이야기를 오감으로 체험할 수 있는 시설도 함께 들어설 테고요. 서울시 역시 2021년 11월에 2022년부터 2026년까지의 5개년 '메타버스 서울 추진 기본 계획'을 발표했습니다. 이를 통해 서울시 관광의 모든 것을 메타버스 안에 담겠다는 계획을 세웠죠. 경기도도 2026년까지 메타버스 관광 플랫폼 개발을 완성한다는 목표를 세웠고요.

아울러 오큘러스 누리집에는 VR로 떠나는 다양한 여행 콘텐츠가 준비되어 있습니다. VR 특성상 혼자 즐길 수밖에 없다는 것이 아쉽지만, 원하는 곳에 당장이라도 떠날 수 있다는 장점이 있죠!

버추얼 프로덕션, 현실과 가상이 만나 더 쉽게 영화를 만들다!

◈

여기 한 영화 촬영 세트장이 있습니다. 커다란 방에 120인치 LED 터치스크린 모니터가 곳곳에 있고, 사람들이 사용할 수 있는 맞춤형 카메라 장비나 전기 배선, 의자, 컴퓨터, VR 헤드셋이 널려 있습니다. 촬영에 필요한 소품들이나 세트 구조물은 없죠. 이 이상한 방에서 감독과 제작자 및 촬영 스텝들은 모두 VR 기기를 착용하고 있습니다. 촬영에 필요한 소품들이나 구조물은 없지만, 이곳은 분명 세트장입니다. 다만 그 세트가 현실이 아니라 가상현실 속에 있는 것뿐이죠. 여기가 도대체 어디냐고요? 바로 존 파브로 감독이 연출한 영화 '라이온 킹' 제작 현장입니다.

여러분이 존 파브로 감독처럼 VR 헤드셋을 착용하고 '라이온 킹'을 촬영하기 위해 가상 아프리카에 서 있다고 상상해 볼까요? 여러분은 영화에 필요한 지역의 이미지를 골라 가상 조명을 설치하고, 어떤 카메라를 사용할지, 어떻게 움직일지를 미리 손쉽게 파악할 수 있습니다. 가상 공간에서 촬영하기 때문에 촬영 중에 갑자기 비가 쏟아질 걱정을 하지 않아도 되죠. 비가 오는 장면을 촬영하기 위해서 살수차를 가져올 필요도 없습니다.

촬영 스텝이 여러분한테 태양이 다른 곳에 있다면 더 좋은 장면이 될 것 같다고 했을 때 실제라면 태양이 해당 지점까지 갈 때까지 긴 시간을 기다려야 합니다. 하지만 가상 공간에서는? 그냥 이미지를 이동하면 됩니다. 나무가 필요하다면 그냥 추가하면 되고요. 소프트웨어를 사용해서 풍경을 바꾸고 카메라 렌즈를 교체하는 등 실제 세트장에서 할 수 있는 모든 일을 해내는 겁니다.

이런 식으로 영화 제작자들이 가상 공간에서 원하는 장면을 VR로 만든 다음, 이렇게 VR 공간 이미지를 현실에서 LED 모니터에 띄운 채로 추가 촬영하는 방식이 늘고 있습니다. 영화 제작을 할 때 세트장을 짓는 비용이나 거리를 통제하고 장소를 빌리는 데 드는 비용을 줄일 수 있고, 배우나 스태프들의 안전 문제도 어느 정도 해결할 수 있기 때문입니다.

 언리얼 빌드
버추얼 프로덕션 2020 시즐릴 (전체 버전)
언리얼 엔진 KR 공식 유튜브 채널

이 방식에서 아이디어를 확장시켜서 게임 회사인 에픽게임즈에서 개발한 프로그램인 '언리얼 게임 엔진(unreal game engine: 비디오 게임 제작에 필요한 그래픽, 오디오, UI 시스템 등을 만들 수 있게 각 개발 도구를 제공하는 소프트웨어)'을 활용하기도 합니다. 게임 엔진으로 가상 이미지들을 상황에 맞게 실시간으로 조절해서 만든 화면을 계속 대형 LED 벽에 띄우고 그 앞에서 촬영하는 것이죠. 이러한 제작 방식이 바로 버추얼 프로덕션(virtual production)입니다. 버추얼 프로덕션은 '실제 세계와 디지털 세계가 만나는 곳'이라고 표현할 수 있습니다.

버추얼 프로덕션으로 촬영된 것 중 가장 유명한 드라마는 바로 2019년 온라인 동영상 서비스인 디즈니플러스에서 공개된 스타워즈 시리즈, '더 만달로리안'입니다. 더 만달로리안은 광활하고 역동적인 우주 공간을 디지털 디스플레이로 대형 LED 벽에 띄운 채 촬영을 진행했습니다. 배우들은 아무것도 없는 그린 스크린(green screen, 일명 크로마키 배경) 앞에서 어색하게 촬영할 때보다 더 연기에 몰입할 수 있었다고 합니다. 영화 제작자들은 굳이 야외 촬영을 하지 않아도 복잡한 시각 효과 장면을 실시간으로 카메라 안에서 구현해낼 수 있었고요. 감독과 스태프들은 원하는 장면을 여러 번 나눠서 반복 촬영하지 않고 동시에 만들 수도 있게 됐습니다. 그만큼 일정과 비용을 절약하면서 더 좋은 결과물을 내놓을 수 있었죠.

패션, 디지털을 입고 메타버스에 오르다

구찌는 이탈리아의 피렌체를 배경으로 한 매장을 제페토 안에 만들고 NFT로 만든 디지털 구찌 제품을 현실적인 가격에 팔고 있습니다. 제페토를 방문하는 아바타들은 구찌 맵에서 아름다운 정원과 서양식 건물 사이를 걷고 아바타에 디지털 구찌 제품을 착용해 보죠.

네덜란드 암스테르담에 본사를 둔 패션 회사인 더 패브리컨트는 오트 쿠튀르(haute couture, 파리 쿠튀르 조합 가맹점에서 봉제하는 맞춤 고급 의류) 급의 옷을 만드는 '하우스'입니다. 최근에는 30대 여성을 대상으로 무려 9,500달러, 우리나라 돈으로 약 1,143만 원짜리 의상을 만들어 팔기도 했지요. 그런데 9,500달러짜리 의상을 산 30대 여성은 그 옷을 실제로 입지는 못했을 것입니다. 왜냐하면 더 패브리컨트는 디지털 구찌 제품처럼 온라인 세상에서만 입을 수 있는 '디지털 의상'을 만들기 때문입니다.

 더 패브리컨트(The Fabricant) 누리집

사실 패션 산업은 석유 다음으로 환경에 치명적입니다. 맥킨지 보고서와 패션 잡지 「엘르」의 2020년 2월호 보도에 따르면, 세계에서 의류가 매년 1,000억 벌 이상 만들어지는데 매년 생산된 6,000만 톤의 옷과 신발 중 70%는 버려집니다. 옷은 태어나면서 버려질 때까지 수많은 물을 소비하고 온실가스를 내뿜습니다. 유엔은 전 세계 온실가스 배출량의 10%, 폐수 발생의 20%를 의류업계가 만든다고 지적했습니다.

이런 상황에서 디지털 의상은 패션 산업에 새로운 패러다임을 가져다줄 것입니다. 디지털도 물론 많은 전기를 사용하고 탄소 배출을 하지만, 실물 옷만큼은 아닐 테니까요.

게다가 메타버스는 단순히 즐거움을 위한 가상현실이 아니라 또 다른 현실로 확장되는 세계인만큼, 그 속에서 만나고 서로의 개성을 공유하는 일은 더욱 중요해질 것입니다. 디지털 패션이 갖는 의미는 점점 더 커질 수밖에 없다는 것이죠. 더 패브리컨트나 구찌뿐 아니라 현재 제페토에서 아바타 의상을 만들어 사고파는 시장이 거대해지는 것을 보면 충분히 예상할 수 있는 일입니다.

문화 인류학자 딕 헵디지는 『하위문화: 스타일의 의미』란 책에서 '스타일이란 공공연한 의도성을 가진 의사소통 체계'라고 주장합니다. 디지털 패션 역시 헵디지가 말한 것처럼, 메타버스 속에서 새로운 나를 창조하는 의도를 가진 의사소통의 한 방식으로 널리 쓰이게 되지 않을까요?

가상현실 상점에 어서 오세요!

자라, 버버리, 샤넬 등 많은 패션 기업들은 옷을 입은 가상의 모습을 화면으로 볼 수 있는 '스마트 미러', 원하는 아이템을 입어 볼 수 있는 'AR 피팅존' 등을 마련했습니다. 가상 매장에 들어가면 실제 매장에 가보지 않아도 진열된 상품을 실감 나게 쇼핑할 수 있는 거죠.

아마존은 가구나 장식품을 방안에 미리 설치한 이미지를 볼 수 있는 AR앱을 제공해 왔는데요. 최근 룸 데코레이터(room decorator)를 출시하면서 더 많은 주목을 받았습니다. 룸 데코레이터를 쓰면 방 안에 여러 가구나 장식품을 미리 배치해 볼 수 있어서 손쉽게 자기 집이나 방과 어울리는 제품을 찾을 수 있습니다.

가구 제조업체인 이케아 역시 '카탈로그 앱'을 선보입니다. 앱을 다운받은 뒤에 집안의 빈 공간에 스마트폰을 비추면 가상으로 이케아 가구를 배치해서 해당 가구의 위치나 크기가 적절한지, 주변 인테리어와 잘 어울리는지 미리 알 수 있습니다.

한샘 역시 '홈플래너'라는 한샘의 3D 시뮬레이션 상담 프로그램을 운영합니다. 인테리어 공사를 마친 후 모습을 미리 가상으로 살펴볼 수 있어서 원하는 디자인을 파악하기 쉽게 도와줍니다.

 한샘 홈플래너 VR 한샘 누리집

선글라스와 안경을 판매하는 볼레는 AR앱을 통해 자사 선글라스 렌즈 종류에 따른 시야의 변화를 미리 보여 주는 서비스를 출시했습니다. 요즘 김서림 방지(anti-fog) 등 특정 렌즈 기능이 적용된 안경을 미리 체험해 볼 수 있어서 온라인 구매의 한계를 보완해 줍니다.

교보문고는 광화문점을 배경으로 한 가상 서점 '메타북스'를 선보였습니다. 스마트폰에서 크롬 앱을 열고 메타북스에 들어가면 마치 교보문고 광화문점에 온 것처럼 둘러볼 수 있습니다. 스마트폰만이 아니라 VR기기로 들어갈 수도 있고요. 광화문점 구석구석을 360도 카메라로 촬영해 3D 기술로 온라인 속에 구현했기 때문이죠. 게임도 하면서 매장 곳곳에 있는 팝업 버튼을 클릭하면 도서와 핫트랙스의 상품을 구매할 수도 있습니다.

 교보문고 메타북스 누리집

자동차 회사 폭스바겐은 코로나19로 대면 모터쇼 대신에 온라인 가상 모터쇼를 열었습니다. 전시 차량을 360도로 관찰할 수 있는데다가 차량의 색상과 휠 구성 변경 기능을 넣어서 오직 온라인 모터쇼에서만 가능한 새로운 경험을 제공했습니다. 이렇듯 가상현실 기술과 메타버스는 쇼핑 공간에 다양성을 주면서 우리가 선택할 수 있는 범위를 점점 넓혀가고 있습니다.

가상현실과 메타버스로
더 안전하고 효과적으로 치료하다!

의료 산업에서도 가상현실 기술과 메타버스가 이용됩니다. 의사는 AR 글래스로 환자의 상태를 보고, 진단할 수 있습니다. 수술 중 환자의 신체 내부 모습이나 환자의 주요 데이터를 띄울 수 있지요. 이렇게 하면 수술을 하면서 예기치 않게 수술에 영향을 줄 수 있는 환자의 다른 기저 질환 등을 살펴볼 수 있고요. 수술이 제대로 진행되고 있는지 확실히 알 수 있습니다. 심전도 등 환자의 바이탈 사인을 띄워 놓으면, 예기치 못한 상황에 빠르게 대처하기도 쉬워지죠.

가상현실 기술로 좀 더 정확한 수술을 하다!

어그메딕스의 엑스비전(Xvision)은 AR로 척추 수술을 지원합니다.

의사는 AR로 만든 환자의 척추 구조를 수술 부위와 겹쳐 보면서 정확한 수술 위치를 파악해 냅니다. 2020년 6월 존스홉킨스 대학교에서 처음으로 엑스비전을 이용한 척추 수술을 성공적으로 마쳤습니다.

 Augmedics Xvision설명
Augmedics 공식 채널

 AR 수술 진행한 존스 홉킨스 대학 영상
Johns Hopkins medicine 채널

오큐트랙스는 시력 회복을 돕고 보조해 주기 위한 AR 글래스를 제작하고 있습니다.

로봇 수술이나 시력 회복 치료에 VR을 접목하는 시도도 있습니다. 미국 VR 수술용 로봇 개발 기업인 바이케리어스 서지컬 사는 VR 기기로 로봇의 시야를 파악하고 조정해서 로봇팔 수술의 정밀도를 높이는 수술법을 개발하고 있습니다. 수술할 때 절개 부위를 최소한으로 줄여 상처 부위를 작게 하기 위해서인데요. 로봇 팔의 9개 관절에 360도 시각 정보를 얻을 수 있는 카메라를 장착해 1.5cm만 절개해도 수술이 가능하게 만드는 거죠.

 바이케리어스 서지컬(Vicarious Surgical) 누리집

우리나라는 분당서울대병원 정형외과 척추 분야 연구팀이 AR 기술을 적용한 척추 수술 플랫폼을 개발했습니다. 순수 국내 기술로 개발된 이 플랫폼은 척추를 고정할 때 쓰는 척추경 나사를 인체 구조물 위에 AR로 정확하게 실시간 투영시켜 볼 수 있지요. 그러면 어디에 어떻게 척추경 나사를 넣으면 좋을지 미리 알게 되어 수술에 큰 도움을 줄 수 있습니다.

앞으로 의료 분야에서는 개인 의료 정보를 반영해서 생체 정보를 복제한 가상 인체, 즉 디지털 트윈의 한 종류로 '메디컬 트윈'이 등장할 수도 있습니다. 이렇게 디지털로 복제한 가상 인체를 활용하면 개인의 현재와 미래 건강 상태를 예측하거나 XR 기반으로 진단, 훈련, 수술 치료를 지원하는 프로젝트가 가능해지겠죠. 이렇게 되면 위험한 임상을 거칠 필요가 없어져 의료 발전에도 큰 도움을 줄 수 있습니다. 하지만, 그만큼 데이터가 악용될 여지도 많습니다. 때문에 개인 정보를 어떻게 보호할지도 고민해야 합니다

메타버스, 의료 훈련의 장이 되다

가상현실 기술과 메타버스는 예비 의료진을 위한 의료 훈련 시뮬레이션을 위해서도 쓰입니다. 오쏘 VR(Osso VR)이 개발한 VR 기반 외과의 훈련 프로그램으로 월 1,000명 이상의 외과의들이 교육을 받습니다. 이 밖에 가상 수술실에서 여러 사용자가 수술 시뮬레이션을

진행하는 등 의료 훈련을 위한 활용이 늘고 있습니다.

　서울대학교 의과대학에도 메타버스 실습 교육이 도입되었죠. 바로 의학 시뮬레이션 게임인 '뷰라보'입니다. 또 뷰라보 외에도 '해부 신체 구조의 3D영상 소프트웨어─3D 프린팅 기술 활용 연구 및 실습'이란 과목도 있는데요. 학생들은 이 교과에서 수술이나 재수술이 필요한 환자들의 실제 데이터를 가지고 직접 실습하는 것과 유사한 교육을 받을 수 있습니다.

　메타버스는 단순히 예비 의사들을 교육하는 데만 사용되는 것이 아닙니다. 2021년 5월 29일 분당서울대병원의 스마트 수술실에서 폐암 수술을 온라인으로 실시간 진행했습니다. 수술에는 영국 맨체스터대학병원과 싱가포르 국립대학병원 의료 관계자들이 참관했고 수술에 대해 토론도 했습니다. 그런데 이 폐암 수술은 실제가 아닌 가상의 수술이었습니다. 메타버스 한 형태인 XR 플랫폼을 사용해서 실행된 수술인 거죠. 의료진들은 아바타를 만들어 메타버스에 입장한 후에 폐암 수술에 대한 최신 기법 등을 주제로 실시간 토론을 했습니다.

04

Chapter

알아 두면 쓸모 있는
메타버스 직업의 세계

메타버스와 관련된
미래 유망 직업을 알아보다

현실 속 십 대 여러분은 돈을 벌기도 쉽지 않고 대부분 투표권도 없습니다. 하고 싶은 것이 많아도 학생의 본분은 공부라는 이야기를 듣죠. 그래서 어릴 때부터 학원을 전전하고 공부에 가장 많은 시간을 쏟아붓기 마련입니다. 바로 '더 나은 미래'를 위해서요. 물론 이 모든 경우는 여러분을 '보호'하기 위한 것입니다. 하지만 여러분을 한계 짓는 것도 사실이죠.

그런데 메타버스 세상은 다릅니다. 애초에 지금의 메타버스를 만들어 온 것은 바로 십 대 여러분입니다. 아마 여러분이 메타버스 속에서 또 다른 나와 함께 즐거운 세상을 열어 가지 않았다면 메타버스는 지금의 위치에 올라서지 못했을 것입니다. 여러분은 가상 세계에서 발자취를 남기고 그 발자취는 현실 세상을 변화시킵니다.

메타버스가 등장하면서 십 대 여러분이 할 수 있는 일들이 얼마나 많은지 새삼 깨닫게 되었습니다. 지금 우리는 메타버스로 가는 길목 어디쯤 와 있을까요? 우리는 앞으로 메타버스 세상에서 어떤 일들을 할 수 있을까요?

십대가 만들어 가는 메타버스 세상!
세계는 지금 어디까지 와 있을까?

메타버스 플랫폼은 현재 여러분이 만들어 가고 있다고 해도 과언이 아닙니다. 제페토를 떠올려 볼까요? 우리는 제페토에서 아바타로 만나고, 게임을 하고, 미션을 수행하고, 스킨을 만들어 팔기도 합니다. 우리만의 월드를 만들고, 또 우리만의 드라마를 제작하기도 하죠. 로블록스는 또 어떤가요? 우리는 로블록스를 게임만 하려고 하는 게 아닙니다. 거기서 게임을 사기도 하고 직접 만들어 팔기도 합니다.

그래서 플랫폼 산업은 기본적으로 메타버스를 창조하는 산업이라 할 수 있습니다. 다양한 공간들을 만들어서 그 속에 사용자들이 원하는 것들을 채워 넣는 것이죠. 플랫폼이 단단한 땅을 마련하면 사람들은 그 위에 마음에 드는 건물을 짓고 즐겁게 살 수 있는 겁니다. 다만 어떤 플랫폼인가에 따라 가상 세계는 달라집니다. 메타버스 플랫폼

기업들은 각자의 특성이 있는 플랫폼을 만들죠. 저마다 다른 플랫폼을 보면서 사람들은 흥미에 맞는 플랫폼에 모여 가상 세계를 이룹니다.

지금 우리나라는 이러한 메타버스 플랫폼을 만드는 데 주력하고 있습니다. 여러분이 만들어 가는 메타버스 세상도 아직까지는 제페토 등 메타버스 플랫폼에서 주로 이뤄지죠. 그래서인지 기기나 콘텐츠, 소프트웨어 개발은 충분하지 않은 편입니다. 현재 우리는 XR 기기 관련해서 얻은 특허가 2021년 기준 전 세계 특허의 6%에 지나지 않습니다. 물론 특색 있는 XR 콘텐츠를 만드는 '기어이'나 사용하기 쉬운 햅틱 기기를 만드는 '비햅틱스' 같은 회사들도 있지만요.

메타버스 플랫폼이 공간을 만드는 것이라면 기기와 콘텐츠, 소프트웨어는 사람과 가상 공간을 연결시키고 그 안에서 사용자가 원하는 것을 마음껏 누릴 수 있도록 해줍니다. 그러니 다양한 콘텐츠와 기기 역시 많이 개발될 필요가 있습니다.

미국의 경우에는 엔비디아나 메타 같은 회사들이 앞다퉈 메타버스 플랫폼 이외의 산업에도 막대하게 투자하고 있습니다. 유럽도 마찬가지입니다. 영국은 유럽 국가 가운데 메타버스 산업을 다방면으로 육성하는 나라입니다. 특히 실감 경제(immersive economy)를 세계 최초로 이야기했습니다. 실감 경제란 AR과 VR 기술을 사용해서 사회와 경제, 문화적인 가치들을 만들어 내는 것입니다. 그 밖에 중국은 메타버스 산업을 육성하기 위해서 2016년부터 국가 중요 정책으로 지원합니다. 베이징과 허베이 등에는 VR, AR 산업 단지를 조성하여 메타버스 콘텐츠를 보급하고 있지요. 미국과 영국, 중국의 경우에는 기업뿐만 아니라 국가 정책과 지원도 활발하게 이루어집니다.

우리나라 정부도 메타버스 산업을 주요 정책으로 보고 있습니다. 그러나 앞으로 더 많은 지원과 관련 정책들이 나와야 할 것입니다.

무엇보다도 메타버스의 미래를 열어 갈 여러분이 메타버스에 지속적인 관심을 가지고 다양한 아이디어들을 내는 일이 꼭 필요합니다. 메타버스는 애초에 십 대 여러분이 만들어 왔고, 또 여러분이 만들어 갈 세상이니까요!

메타버스에 관한 직업들은
어떤 것들이 있을까?

 과학 기술이 발전하면서 직업의 세계는 큰 변화를 겪습니다. 영원할 것 같았던 직업이 사라지고, 설마 저런 걸로 돈을 벌 수 있을까 싶었던 일들이 새로운 직업으로 각광받기도 하죠. 메타버스 역시 마찬가지입니다. 메타버스를 구성하는 다양한 기술들과 플랫폼이 생기면서 새로운 직업들이 나타나고 있습니다.

 우리는 메타버스 세상이 누구나 즐길 거리를 만들고 소비할 수 있는 새로운 생태계라는 것을 알게 되었죠. 특별한 기술이나 뛰어난 재주가 없어도 아이디어만 있으면 누구나 생산자가 되고 수익을 올릴 수 있습니다. 메타버스 플랫폼에서 제공하는 기능만 잘 활용해도 생산자가 될 수 있기 때문이죠. 코딩이나 그래픽 디자인을 잘 몰라도 누구나 크리에이터에 도전할 수 있습니다.

 만일 현실에서 우리가 그런 직업을 가지려면 관련 대학에 가서 그

분야를 전공해야 할 겁니다. 그런데 메타버스 속에서는 좀 더 간편하게, 그리고 좀 더 빨리 여러분이 원하는 직업들을 찾을 수 있습니다. 이 부분이 메타버스를 참 흥미롭게 만든답니다.

지금 메타버스와 관련한 직업을 떠올려 보면 가장 먼저 '메타버스 크리에이터'가 떠오를 것입니다. 메타버스 크리에이터는 메타버스 플랫폼 속에서 아바타로 드라마, 웹툰 등을 만들고 게임 등을 제작하는 사람들을 말합니다. 또, 메타버스 내에서 사용 가능한 창작물을 제작하는 직업군을 말하죠. 컴퓨터 그래픽으로 다양한 가상 사물들을 3D로 만드는 3D 모델러도 여기에 속합니다.

3D 모델러가 주로 만드는 아이템은 아바타의 외형(헤어, 옷, 소품 등)과 가상 건축물, 바닥 타일이나 가로등, 표지판 등의 배경물, 심지어 해당 게임 툴을 이용해 만든 게임 등도 포함됩니다. 그런데 3D 모델러를 제외하고 현재 메타버스 플랫폼 속에서 여러 가지를 만드는 사람들 중에는 십 대 때부터 플랫폼에서 시간을 보내다가 자연스럽게 아바타 의상이나 드라마 등 콘텐츠를 생산해낸 사람들도 많습니다.

아직까지는 메타버스 플랫폼과 관련해 수익을 창출하는 사람들을 모두 크리에이터로 칭하는데요. 처음 유튜브 크리에이터가 혼자 영상을 제작해서 올리다가 점점 각본, 편집, PD, 촬영 등 각자 분야로 나뉘어 영상을 만들게 되는 것처럼 메타버스도 그렇게 될 가능성이 큽니다.

이렇게 직업들이 세분화되고 전문화되어 간다는 것은 앞으로 메타버스 분야 직업이 더 많이 생겨난다는 이야기이겠지요. 또 '직업이 생겨난다'는 말은 내가 직업을 만들 수도 있다는 의미도 됩니다. 여러 분은 앞으로 메타버스에서 어떤 직업들을 선택하게 될까요? 아니, 만들게 될까요?

메타버스 게임 개발자

메타버스 대표 주자로 꼽히는 '로블록스'는 미국 게임 플랫폼입니다. 로블록스에는 2021년 5월 17일 기준으로 4000만 개 이상의 게임들이 있고, 개발자는 127만 명에 달합니다. 로블록스는 생산자에게 게임 판매 수익은 70%, 게임 아이템 판매 수익은 30%를 분배합니다. 개발자에게 나눠 준 수익이 2019년 4분기 3,980만 달러(약 466억 원)에서 2021년 2분기에는 1억 2,970만 달러로 3배 가까이 늘었다고 합니다. 특이한 점은 로블록스에 전문 게임 개발자들만 있는 게 아니라는 것입니다.

보통 게임 플랫폼에서는 아바타를 가지고 게임 회사에서 제공한 게임을 합니다. 즉, 예전에 십 대들은 '어른' 제작자가 만든 게임을 했습니다. 유명한 게임 개발자가 게임을 만들어서 플랫폼에 올리면 이용자들은 그중 마음에 드는 게임을 골라 할 뿐이었지요. 그런데 로블록스는 게임 개발자가 아니라 '다른 이용자'들이 만든 게임을 합니다. 이용자들이 게임을 만들어 올리면 그걸 다른 이용자들이 보고 마음에 들면 그 게임을 하는 방식인 거죠. 이용자들도 누구나 게임을 만들고 설계할 수 있다는 것입니다.

2020년에 게임 개발자들이 로블록스 안에서 벌어들인 수입은 평균 1만 달러(약 1,107만 원)입니다. 이 중에 상위 300명은 10만 달러(1억 1,070만 원)를 벌었고요. 로블록스 경제 규모가 커지면서 개발에 도전하는 이용자들도 늘고 있습니다. 로블록스는 게임인 동시에, 게임을 만들고 거래하는 플랫폼이면서 또 하나의 사회를 이루고 있거든요.

메타버스 게임 개발자가 되려면 어떻게 해야 할까?

로블록스에 딸린 게임 제작 스튜디오에서는 코딩 없이 간단하게 게임을 제작할 수 있습니다. 그래서 코딩을 전문적으로 배우지 않은 십 대들도 충분히 게임을 만들 수 있습니다. 로블록스에서 '배드 비즈니스'라는 게임으로 한 달에 4만 9천 달러(한화 5,500만 원)를 벌어들인 이든 가브론스키는 2021년에 갓 스무 살이 된 청년인데요. 컴퓨터 공학이나 게임 프로그래밍을 전혀 모르는 채로 로블록스 스튜디오만을 이용해 게임을 만들어 성공했죠.

또, 알렉스 발판치는 열여덟 살 때 '제일 브레이크'라는 게임을 개발했습니다. 이 게임은 현재 한 달 최고 매출 25만 달러(한화로 약 2억

9천만 원)을 기록하는 로블록스 인기 게임 중 하나입니다.

가상 공간용 모션 컨트롤러 제조사인 식스센스도 유니티나 에픽 게임스에서 만든 게임 제작 개발도구인 '언리얼 엔진(unreal engine)'을 이용해 오큘러스 리프트 등을 위한 게임을 만들 수 있는 개발자용 소프트웨어를 내놓았습니다. 프로그래밍이나 3D 게임 제작에 대한 기초 상식을 모르는 사람도 상상력만 가지고 얼마든지 게임을 만들 수 있게 되었습니다.

만약 메타버스 게임 개발자가 꿈이라면 주저하지 말고 지금 하고 싶은 게임을 상상해서 만들어 보는 건 어떨까요? 이 경험들이 쌓여 가면 메타버스에서 많은 사람들이 즐기는 게임을 만드는 멋진 게임 개발자가 될 수 있을 것입니다.

XR 콘텐츠 제작자

1993년에 개봉한 '마지막 액션 히어로'라는 영화가 있습니다. 주인공 대니는 영화를 무척 좋아하는 소년인데요. 어느 날 좋아하는 액션 영화의 시사회를 보러 갔다가 영화 속으로 빨려 들어가게 되죠. 대니는 영화 속을 헤매다가 자신이 즐겨 보던 액션 영화 속 주인공인 형사 잭 슬레이터를 직접 만나게 됩니다.

혹시 여러분도 이런 상상을 해보신 적 있나요? 대니처럼 영화 속에 들어가는 것을요. 지금까지 이런 상상은 책이나 영화 속에서나 가능했습니다. 그런데 이제는 현실에서도 가능합니다.

'기어이(Giioii)'는 확장현실과 몰입으로 가상 경험을 하는 콘텐츠를 만드는 우리나라 회사입니다. 기어이가 만든 XR 콘텐츠인 '파인드 월리'는 사람들의 기억을 제거해 주는 회사가 있다는 설정으로 가까운 미래의 이야기를 담고 있습니다. 체험자가 직접 이야기 속으로 들어가서 기억 제거 시스템에서 생기는 다양한 오류를 없애는 작업자가 됩니다. 그리고 다른 사람들의 사라진 기억이 뒤엉킨 초현실주의 공간을 탐험하는 것이죠. 창의성과 재미, 예술성을 인정받아서 2020년 칸영화제 XR 마켓 Development Showcase에 선정되기도 했습니다.

 (주)기어이 누리집

이런 식으로 XR 콘텐츠는 우리가 가상 세계로 들어가서 주인공, 혹은 주인공의 친구나 적 등 우리가 원하는 캐릭터가 되어 직접 이야기를 경험하는 것입니다. 마치 영화 속에 빨려 들어갔던 대니처럼 말입니다.

메타버스가 새로운 화두로 떠오르지만, 우리가 직접 '경험'할 수 있는 콘텐츠는 아직까지 적은 편입니다. 그래서 메타버스가 어떤 의미인지, 얼마큼 좋은지 모두 알기란 어렵죠. 아직도 일부 사람들에게는 메타버스가 허황되거나 어렵게만 느껴집니다. 제페토나 로블록스처럼 십 대들만의 놀이터라는 생각이 들고요.

지금까지 가상현실 기술은 성공과 실패를 번갈아 하며 사람들의 외면을 받기도 했는데요. 가장 큰 원인은 기술 중심의 회사가 가상현실 분야를 이끌다 보니 콘텐츠가 기술에 편향되었기 때문입니다. 즉 내용보다는 기기나 비주얼에 더 신경을 써온 것이죠.

많은 사람이 메타버스의 의미를 알고, 더 성공하기 위해서는 좋은 이야기가 필요합니다. 우리는 매력적인 이야기를 현실처럼 느낄 때, 그 이야기에 완전히 몰입하니까요. 이제 가상현실 기술이 '가상의 것'을 '현실처럼 느끼게' 해줄 것입니다. 앞으로 밀도 있는 이야기만 준비되면 되는 거죠.

이렇게 가상현실 기술로 밀도 있는 이야기를 준비하는 사람들이 XR 콘텐츠 기획자입니다. XR 콘텐츠 기획자는 AR과 VR, MR 등을 적재적소에 사용하면서 좋은 이야기를 담은 콘텐츠를 만드는 사람입니다. 앞으로 여러분이 XR 콘텐츠 기획자가 된다면 콘텐츠를 만드는 회사를 세워서 XR 체험 콘텐츠나 XR 방송, 공연, 행사를 만들 수도 있을 겁니다. 교육학자나 학교 선생님들과 함께 XR 교육 콘텐츠를 만들 수도 있지요. 쉽게 이야기하자면, XR 콘텐츠는 연극 연출가나 프로듀서(PD), 영화감독이 한 일과 비슷한 일을 한다고 보면 됩니다. 가상현실 콘텐츠에 대한 아이디어를 가지고 메타버스 플랫폼에서 가능한 다양한 이야기를 만들어 가는 거죠.

물론 단순히 이야기만 만들어 내는 것은 아닙니다. 그저 보기만 하면 되는 책이나 영화와 달리 XR 콘텐츠는 사용자가 참여하는 이야기입니다. 그렇기 때문에 꼭 XR로 만들 필요가 있는 이야기인 것이 좋겠죠. 가상현실 기술을 써서 실감형으로 만들었을 때 더 특별한 이야기 말입니다.

아울러 공간 음향에 대한 이해도 중요합니다. 공간 음향은 가까이 있을 때는 소리가 들리고 멀리 떨어지면 소리가 들리지 않게 하는 기술입니다. 소리로 공간감을 느끼는 것이죠. 예전에는 흔히 3D 음향이나 입체 음향이라고 불리기도 했습니다. XR 콘텐츠는 무엇보다 사용자가 '현실감'을 계속 느끼는 게 중요합니다. 내가 현재 존재하고 있다는 현존감을 위해서 XR 콘텐츠는 실감 나는 가상 영상과 햅틱 기술은 물론, 음향을 어떻게 입체적으로 쓰는가도 중요하답니다. 이러한 사운드부터 XR 콘텐츠를 창작하는 데 필요한 모든 것에 대해서 고민을 해야 하지요.

XR 콘텐츠 기획자가 되려면 어떻게 해야 할까?

XR 콘텐츠 기획자가 되기 위해서는 가상 환경에 맞춘 몰입 경험을 설계하고 만드는 능력이 필요합니다. 무엇보다 좋은 이야기를 빈틈없이 꾸리는 능력이 필요해요. 책이나 영화 등을 볼 때, 혹은 재밌는 이야기가 생각났을 때 이것을 어떻게 하면 실감 나게 만들 수 있을까 고민해야 합니다. 그래서 인문학적인 소양이 있어야 해요. 많이 놀고, 많이 상상하고 다양한 미술 전시나 영화, 연극 등 예술 전반에 대한 관심을 기울인다면 도움이 될 거예요.

또 작가와 사운드를 만드는 사람들, 촬영 스텝 등 여러 사람들과 일해야 하므로 의사소통 능력이 매우 중요합니다. 다른 사람과 함께 원활하게 일할 수 있는 사회성이 꼭 필요하지요. 적재적소에 기술을 적용하듯, 적재적소에 필요한 사람들을 알아낼 눈썰미도 필요합니다. 무엇보다 이야기를 사랑하는 사람이어야 즐겁게 일할 수 있을 것입니다.

앞으로 좋은 책을 많이 읽고, 잘 만든 영화도 많이 보고, 또 학교에서 토론 수업이나 여러 명이 함께하는 모둠 과제 등에 적극 참여해 보세요. 영화나 연극 등 다양한 종합 예술들을 공부해 보는 것도 좋겠죠. 그러면서 '자기만의 이야기'를 만들어 나가는 것입니다.

VR 콘텐츠로 탄탄한 서사를 갖춘 매력적인 이야기들이 나온다면 메타버스는 우리 삶에서 즐거움을 주는 특별한 공간으로 확장해 나갈 수 있을 것입니다. 좋은 영화나 책을 본 경험이 평생을 가듯, 내가 중심인물이 되어 VR이나 XR 콘텐츠를 경험한다는 것도 매우 특별한 기억으로 남겠죠. 누군가에게 이런 멋진 경험을 선사할 수 있는 직업이라니. 근사하지 않나요?

가상 자산 보안 전문가

메타버스의 근간은 '디지털'입니다. 온라인 세상인 것이죠. 그런 만큼 사이버 보안 직업도 꼭 필요해질 텐데요. 여기서는 메타버스와 가장 밀접한 관계가 있는 **가상 자산(NFT) 보안 전문가**를 소개해 볼까 합니다.

NFT는 앞서 설명한 것처럼 '사진이나 영상 등 디지털 파일에 블록체인 기술을 이용해서 소유권 증명서를 붙이는 기술'입니다. 각 디지털 파일에 대한 소유권(토큰)을 블록체인에 기록하고, 이를 위·변조할 수 없는 상태로 보존하는 것이죠.

이렇게 디지털로 만들어진 콘텐츠를 NFT로 생성해서 거래하면 고유 번호가 붙은 자신만의 상품을 메타버스 환경에서 자유롭게 사고팔거나 증명할 수 있습니다. 메타버스를 현실의 삶으로 확장시키기 위해서 꼭 필요한 기술이지요. 디지털 자산 개념이 실질적으로 가

능해지니까요.

그런데 NFT가 이렇게 디지털 자산을 보호하는 역할을 하려면 '보안'이 제 역할을 해줘야 합니다. NFT의 경우는 토큰을 통해 소유자나 거래 이력 등은 안전하게 보관할 수 있지만, 개인이 소유한 디지털 파일은 사용자의 실수로 원본 파일을 삭제하거나 해킹을 통해 변조될 가능성이 있거든요. 블록체인 기술이 해킹에 안전하다고 해도 완벽하게 해킹이 불가능한 것도 아니고요.

가상 자산 전문매체 「디크립트」에 따르면, 2021년 9월 1일 '거리의 예술가'로 불리는 '뱅크시'의 공식 누리집에서 해킹으로 추정되는 사고가 일어났습니다. 피해자는 뱅크시 공식 누리집에 뱅크시의 작품 '기후변화 재앙의 위대한 재분배'를 NFT로 제작해 판매한다는 게시

글을 봤습니다. 그리고 경매에 참여하기 위해 100이더(한화로 약 3억 9,140만 원)를 판매자에게 전송했고, 곧바로 경매는 종료됐습니다.

하지만 뱅크시의 작품을 인증하는 공식 기관인 페스트 콘트롤(Pest Control)이 '아티스트 뱅크시는 NFT 작품을 만들지 않았다'며 NFT 발행 사실을 부인했습니다. 피해자는 "세계적으로 유명한 그래피티 아티스트의 첫 NFT를 구매하는 줄 알았다"며 분통을 터뜨렸죠.

다행히 해커는 사건이 일어난 지 8시간 만에 97.69이더(한화로 3억 8,235만 원)를 피해자에게 되돌려 줬습니다. 때문에 화이트 해커의 소행일 것이라는 관측도 있지요. 화이트 해커(혹은 화이트 햇 white hat)는 보안을 테스트하고 보호하고 있는 시스템과 네트워크에서 취약점을 찾는 보안 전문가입니다. 이번 일이 화이트 해커의 소행인지는 알 수 없지만, 이런 식으로 얼마든지 NFT와 관련해 보안 문제나 사기가 일어날 수 있습니다.

뱅크시 사건과 같은 일을 러그풀(rug pull) 사기라고 합니다. 러그풀은 코인, NFT 등을 어떤 목적으로 발행하겠다고 거창하게 소개한 뒤, 투자자가 모이면 투자금을 들고 잠적하는 사기입니다. 블록체인을 기반으로 한 거래는 되돌릴 수 없는데요. 뱅크시 사건은 아예 뱅크시의 공식 누리집을 해킹해서 사기를 친 것이라서 누구라도 속을 수밖에 없었기 때문에 더 문제였죠.

게다가 러그풀과 달리 아예 NFT 자체 보안 허점을 파고든 피싱(phishing) 사기도 있습니다. NFT를 거래하는 거래소를 사칭해 사용자를 속이는 것인데요. '해외 접속이 발생했다'는 이메일이나 문자 메시지를 보내 사용자를 속여 가짜 사이트에 접속하게 유도하는 거죠. 블록체인 기술 특성상 여기에 기록된 가상 자산을 공격자가 무단으로 빼내는 것은 어렵기 때문에 이런 식으로 사용자가 실수하게 만드는 겁니다. 여러분이 가상 거래소 계정이나 NFT 등 가상 자산을 거래하려면 반드시 가상 자산 전자 지갑을 만들어야 하는데요. 이 가상 자산 전자 지갑에 대한 권한을 속임수로 얻어 내어 돈을 빼내지요.

아직은 이러한 보안 문제에 대해서 사용자 스스로 보안 수칙을 잘 지켜야 하는 상황입니다. 하지만 사용자 개개인이 나날이 발전하는 사기나 해킹을 조심하는 데는 한계가 있습니다. 가상 거래소나 메타버스 플랫폼 자체에서 체계적인 보안 시스템을 갖추는 게 반드시 필요하지요.

또한 가상 자산 전자 지갑의 취약점을 진단하고 보안을 강화해야 합니다. 이를 위해 가상 자산 보안 전문가가 좀 더 안전한 보안 시스템을 설계해야 합니다. 결국 보안 전문가가 특별히 필요할 수밖에 없는 것이죠.

가상 자산 보안 전문가가 되려면 어떻게 해야 할까?

여러분이 국내에서 보안 전문가로 일하고 싶다면, 컴퓨터 관련 학과에 진학해서 여러 자격을 얻으면 유리합니다. 만일 여러분이 중학생이라면 상위권 IT 특성화고로 진학하는 것도 한 방법입니다. 대학을 목전에 둔 고등학생이라면 소프트웨어 중심 대학을 도전해 봐도 좋겠죠. 이때 학교 공부가 다소 부족하면 IT 공부를 따로 해서 소프트웨어 특기자 전형을 준비할 수 있을 것이고요.

한편, 이런 특성화고나 소프트웨어 중심 대학에 진학하는 것이 부담스럽다면, 다른 방법도 있답니다. 보안에 관심이 많다면 굳이 학위가 없어도 얼마든지 실력을 갈고 닦아 경력을 쌓을 수 있습니다.

우선 해킹 실력을 겨루는 'CTF(Capture The Flag)' 대회가 있습니다. 세계 최고 권위를 자랑하는 국제해킹대회 '데프콘 CTF'을 비롯해서 국내에도 '코드게이트', '화이트 햇 콘테스트' 등 대규모 해킹 방어 대회가 있고요. 그 외에도 다양한 대회가 있습니다.

만 19세 미만 전 세계 청소년들을 대상으로 하는 '코드게이트 주니어', 정보보호영재교육원에서 주최하는 정보 보안 경진대회도 있고요. 중고생 정보 보호 올림피아드 등도 있어서 당장이라도 대회에 도전할 수 있습니다.

Lokihardt라는 아이디로 알려진 이정훈 씨의 경우도 중학교 2학년 때 처음 할머니 집에서 컴퓨터교육학을 전공한 삼촌의 C언어 책을 보면서 취미로 컴퓨터 공학 공부를 시작했다고 합니다. 그는 국내외 다양한 해킹 대회 등에서 놀라운 성적을 올린 뒤, 대학교를 그만두고 20살에 삼성 SDS에 입사했습니다. 이후 1년 만에 구글로 이직하고 현재까지 최고 수준의 화이트 해커이자 보안 전문가로 일하고 있습니다.

가상 자산 문제는 메타버스를 현실화시키는 데 매우 중요한 역할을 합니다. 그래서 메타버스 세상이 본격적으로 시작되면 가상 자산과 관련한 보안 위협은 점점 더 커질 것입니다. 이러한 위협에서 가상 자산과 사람들을 빈틈없이 지킬 수 있는 보안 전문가가 된 여러분을 기대해볼게요.

가상현실
관광 상품 개발자

자, 여러분은 조향사입니다. 어느 날 여러분에게 한 노인이 '목포'의 향을 담은 향수를 만들어 달라는 의뢰를 합니다. 그래서 여러분은 직접 목포로 향하죠. 목표에 도착하자 목포 곳곳에 향수의 재료가 될 에센스가 숨겨져 있다는 사실을 알게 됩니다. 그래서 차를 타고 목포의 명소들을 이동하면서 숨겨진 재료를 하나씩 찾아가죠. 그리고 드디어 의뢰받은 '목포의 향수'를 완성합니다!

이것은 전라남도 목포시가 개발한 목표 여행 상품 '퍼퓸 오브 더 시티 : 목포' 이야기입니다. 앞장에서도 설명한 이 게임은 차량을 타고 목포 명소들을 탐험하는 미션 게임이죠. 게임 이용자는 '리얼월드'란 앱을 사용해서 목포 역에서 출발해 유달산 노적봉, 목포 근대역사문화공간, 서산동 시화 골목, 유달 유원지로 이동하면서 미션을 수행합니다. 게임 속에서 '가상 조향사'가 되어 목포 각 명소에 숨겨진 증강현실을 결합한 미션을 수행하면서 향수 재료가 되는 에센스들을 수집하는 것입니다.

코로나19로 인한 팬데믹이 길어지며 관광 산업이 많은 타격을 입었죠. 그래서 목포시처럼 관광지에 가상현실 기술을 더하거나 아예 가상 공간에서 여행을 하는 상품을 만들어 어려움을 타계하려는 움직임이 일고 있습니다. 바로 메타버스가 가진 몇 가지 특징 때문입니다.

대한정보처리학회가 2021년 3월 발간한 학회지에 실린 「메타버스의 개념과 발전 방향」이라는 기고문을 보면 메타버스의 특징을 다섯 가지의 C로 정리합니다. 바로 세계관(Canon), 창작자(Creator), 디지털통화(Currency), 일상의 연장(Continuity), 연결(Connectivity)입니다. 이 다섯 가지 주제와 코로나19로 인한 비대면 일상을 생각해 보면 미래의 관광 산업이 메타버스와 어떻게 연결될지 상상해 볼 수 있죠.

어딘가로 여행을 떠나면 평범한 일상에서 벗어나 새로운 사람들과 만나고 새로운 장소에서 즐거운 경험을 얻게 됩니다. 결국 우리 삶에 여행이라는 특별한 경험이 더해져 우리 일상이 연장(Continuity)되는 것이죠. 그리고 팬데믹 상황에서 여행은 가상현실 기술에 연결(Connectivity)되며 확장될 테고요.

그러면서 우리는 메타버스가 만들어 주는 가상 세계(Canon)에서 가보고 싶은 곳을 자유롭게 가고, 해보고 싶은 것을 더 많이 그리고 자세히 할 수 있게 될 것입니다. 또는 실제 항공, 호텔, 체험 등을 예약하기 전에 메타버스 플랫폼 속에서 미리 가상으로 체험해 볼 수 있을 거고요. 이러한 가상 여행 상품을 예약하기 위해 가상 화폐(Currency)

도 사용할 것입니다. 무엇보다 가상현실 기술을 이용한 관광 상품을 개발해 내는 가상현실 관광 상품 개발자(Creator)들이 생겨나겠죠.

가상현실 관광 상품 개발자가 되려면
어떻게 해야 할까?

아직까지 가상현실 기술을 이용한 관광 상품들은 지방 자치 단체 관광 부서의 공무원들과 기술자들이 만들어 내고 있습니다. 하지만, 앞으로는 가상현실 관광 상품을 개발하는 직종이 정식으로 등장할 것입니다.

어떻게 하면 가상현실 관광 상품 개발자가 될 수 있을까요? 우선 좋은 이야기를 여행 상품에 결합할 수 있어야 합니다. 목포시의 '퍼퓸 오브 더 시티 : 목포'의 경우, 여행자가 '가상 조향사'라는 역할에 몰입하면서 관광지 속에 더 가까이 다가갈 수 있었죠. 바로 '가상현실 기술'과 '흥미로운 이야기' 설정 덕분이에요.

따라서 가상현실 관광 상품 개발자가 되려면 스토리텔링과 마케팅 공부를 해두어도 좋을 것 같습니다. 여기서 마케팅은 '잘 팔릴 만한' 것이 무엇인지 고민하고 여행자들의 입장에서 생각해 봐야 한다는 것인데요. 좋은 마케팅을 위해서 창의력과 글쓰기 능력, 논리적 분석과 외국어 능력도 갖추면 좋을 것입니다. 의사소통 능력과 관찰력 또한 필요합니다. 이를 위해서 사회학이나 심리학, 커뮤니케이션학 등을 공부하거나 관광학을 배우는 대학에 진학해도 좋겠죠.

아울러 가상현실 기술들과 메타버스 플랫폼의 특성에 대해서도 알아보아야 합니다. 상품 개발을 맡은 이상, 해당 여행지에 적절한 가상현실 기술 구현이 가능한지를 알아야 좋은 이야기를 담은 여행 상품을 만들 수 있기 때문이죠. 틈틈이 시간을 내어 현재 개발되는 가상현실 여행 상품과 메타버스 플랫폼 내 가상 여행지를 둘러보는 것도 좋을 것입니다.

여행지에 대한 공부도 필요합니다. 여행 지역 특성에 맞는 문화와 이야기에 귀를 기울이면 좋은 이야기를 담은 여행 상품을 만들 수 있을 것입니다. 왜 이 여행지에서 가상현실 기술을 이용하는지, 왜 꼭 메타버스 플랫폼에 여행지를 만드는지 가상현실 여행의 목적과 가치에 대한 고민이 뒷받침되면 좋겠지요.

마지막으로 좋은 여행 상품은 여행을 좋아해야 나올 수 있습니다. 여행을 좋아하는 사람들의 마음도 잘 읽어야 하고요. 따라서 가상현실 관광 상품 개발자가 되려면 무엇보다 여행을 즐겨야 더 유리하겠죠? 앞으로 여러분이 가상현실 기술을 이용해서 어떠한 여행 상품들을 만들어 나갈지 사뭇 기대됩니다!

메타버스 건축가

메타버스 세상이 본격적으로 열린다면 어떤 일이 벌어질까요? 메타버스 안에 가상 관공서, 가상 회사, 가상 학교 등등 현실과 동일하게 우리 삶을 이어 갈 여러 공간들이 생기겠죠. 현실이 확장된다는 것은 메타버스 안에서도 현실의 일들을 할 수 있다는 의미일 테니까요. 그렇다면 이 공간들을 도대체 누가 만들까요? 바로 메타버스 건축가들입니다.

메타버스 건축가는 가상 세계를 디자인하는 사람입니다. 월드 빌더(world builder)라고도 하죠. 가상 세계를 디자인한다니?! 무슨 말인가 싶겠지만, 현실 세계 건축가랑 비슷하다고 생각하면 됩니다. 메타버스 건축가는 가상 세계 공간을 설계하는 일을 하거든요. 그렇다고 여기저기에 블록 쌓듯 나무를 놓고 분수대를 만들고 건물을 지어넣는 일만 하는 건 아닙니다. 메타버스 건축가가 가상 공간에 건축물을 만들 때는 그 건물에서 사용자들이 어떤 경험을 할지까지 고민해야 합니다. 그것까지 감안해서 공간을 설계하는 거죠. 잠깐 예를 볼까요?

제페토에는 정교한 건물과 분수대가 있는 아름다운 공간이 하나 있습니다. 바로 구찌 빌라죠. 실제 이탈리아 피렌체에 있는 구찌 가든을 본따서 만든 공간이지요. 분수대를 지나가 건물 안으로 들어서면 NFT로 만들어진 다양한 구찌 상품들을 착용해 보고 사진을 찍거나 구매할 수 있습니다. 곳곳에 커다란 거울이 있어서 촬영하기도 좋고요. 자, 그럼 이러한 구찌 빌라를 만드는 데 메타버스 건축가는 어디까지 관여했을까요?

바로 전부입니다! 메타버스 건축가는 건물이나 사물들을 채워 넣고 디자인하는 것을 넘어 사용자들이 어떻게 이 공간을 이용할지, 어떻게 돌아다니면 동선이 좋을지 고민하며 사용자들이 재미있어 할 요소를 넣기 위해 노력합니다.

아바타가 즐길 수 있는 '아바타 맵'을 우선 구축하고 그 맵을 따라서 현실 속 기관과 건물들에 다양한 상상력을 더해 만드는데요. 결국 메타버스 건축가는 단순히 건물을 짓는 게 아니라 가상 공간에 메타버스 사용자들을 위한 서비스를 설계하고 만드는 일을 한다고 보는 게 정확할 것입니다.

메타버스 건축가가 되려면 어떻게 해야 할까?

메타버스 건축가는 지금 여러분도 당장 할 수 있는 직업입니다. 제페토의 경우 누구나 플랫폼에서 제공하는 월드 제작 툴인 빌드잇(build it)을 사용해 만들 수 있으니까요. 빌드잇은 2019년 12월에 오픈한 제페토의 서비스인데요. 이름 그대로, 사용자들이 원하는 대로 가상 공간을 직접 꾸밀 수 있도록 맵 만들기 서비스를 제공합니다. PC에서 제공하며 누리집에서 다운로드한 뒤에 무료로 사용할 수 있습니다. 한국어, 영어, 일본어, 중국어를 제공하고 있습니다.

속도나 점프 레벨을 조정하거나 하늘이나 지형 크기까지 조절해서 나만의 가상 세계를 만들 수 있는데요. 블록부터 교실이나 도시, 공원 등 다양한 오브젝트까지 준비되어 있어서 여러분이 원하는 월드를 손쉽게 꾸밀 수 있습니다.

여러분이 빌드잇으로 제작한 크리에이터 맵은 우선 맵을 만들고 리뷰를 신청해서 통과하면 공개됩니다. 맵을 만들 때, 복사해 붙여넣기(ctrl+C&ctrl+V) 기능을 써서 간단한 형태의 건물들은 금방 만들 수 있죠. 이러한 툴을 이용한다면 여러분도 당장 메타버스 건축가로 활동할 수 있습니다.

하지만 더 나은 가상 공간을 만들고 메타버스에 진입하려는 기업 등의 의뢰를 받으려면 더 깊게 공부를 해야 합니다. 현실에서도 충분히 할 수 있는 일을 메타버스 플랫폼에 그대로 옮겨 놓기만 하면 사람들이 큰 매력을 못 느낄 테니까요. 만일 자동차 회사가 메타버스

안에 덜렁 자동차 전시관만 둔다면 아마 주목받지 못하겠죠. 현실에서는 하기 어렵거나 불가능한 일들, 예를 들어 가상 전시관에 있는 차량을 AI 등을 통해 마음껏 개조하며 '나만의 자동차'를 만들 수 있게 하는 식으로 가상 공간에서만 가능한 일들을 더한다면 많은 인기를 끌 수 있겠죠.

　따라서 메타버스 건축가는 일을 의뢰하는 기업이 마케팅 관점에서 지향하는 것, 또 메타버스 안에서 수익을 내기 위해 의도한 점 등을 충분히 알고 구현하는 감각이 필요합니다. 실제 건물을 짓는 것이 아니니 꼭 건축학을 전공할 필요는 없지만, 종합 예술이라 불리는 건축에 대해 배운다면 더 좋은 작품들을 만들 수 있을 것입니다. 또한 컴퓨터그래픽 디자인뿐 아니라 사람들이 무엇을 좋아하고 싫어할지에 대해 고민하는 인문학적 소양이 요구됩니다. 마케팅 지식, 공간 감각 및 디자인 감각까지 갖춘다면 금상첨화겠죠!

아바타 패션 디자이너와 MD

아바타 패션 디자이너, 즉 아바타 의상 디자이너는 아바타의 개성을 더 잘 드러낼 수 있는 의류를 디자인하고 판매하는 직업입니다. 지금 여러분 중에도 아바타 의상을 제작하는 친구들이 있을 겁니다. 사실 메타버스에서 아바타는 매우 중요한 존재죠. 내가 직접 가상현실에 들어가는 VR이 아니라면 '나'를 대신해서 가상 공간을 누비는 건 바로 아바타니까요.

아바타가 '나'를 대변하는 존재이므로 예쁘고 멋진 모습을 보이고 싶을 것입니다. 그런 만큼 아바타를 디자인하고 또 아바타가 입는 옷이나 장신구들을 디자인하는 아바타 의상 디자이너의 역할도 중요합니다. 실제로 구찌, 발렌티노 등 유명 패션 브랜드들이 제페토와 로블록스, 모여라 동물의 숲 등 메타버스 플랫폼 안에서 패션 아이템을 판매하고 있습니다.

꼭 수익을 위한 것이 아니더라도 내가 만든 티셔츠를 내 아바타가 입고 다니는 것을 바라보는 건 신나는 일입니다. 현실에서 옷을 만드는 일은 꽤 까다롭지만 가상현실에서는 툴 사용법을 공부하면 누구나 할 수 있지요.

현재 아바타 의상 디자이너가 가장 활발하게 활동하는 플랫폼은 제페토입니다. 아무래도 제페토가 아바타 꾸미기로 시작했기 때문일 겁니다. 제페토에서 디자이너가 되려면 먼저 설정에서 크리에이터 되기를 신청합니다. 만들고 싶은 아이템의 템플릿을 다운로드한 뒤에 그리기 툴을 이용하면 의류를 손쉽게 디자인할 수 있습니다.

이때 제페토 스튜디오를 이용해도 됩니다. 제페토 스튜디오에서도 의류 제작 경험이나 전문 디자이너 역량은 크게 중요하지 않습니다. 스튜디오에서는 디자인 작업을 2D와 3D로 나눠서 제공합니다. 2D 기능은 초보자용이고 3D 기능은 전문가용이라고 생각하면 됩니다.

우선 2D 기능은 몸판, 등판, 바지 앞뒤 등등 템플릿이 있고 거기에 원하는 그림을 그려 놓으면 자동으로 의상 한 벌이 만들어집니다. 그림을 그려 넣고 아바타용 아이템으로 만들어 판매할 수 있습니다. 3D 기능은 2D에 비해서 조금 복잡하지만, 제페토에서 제공하는 수많은 3D 템플릿을 이용해도 되기 때문에 초보자도 사용할 수 있습니다. 다만, 좀 더 공부해서 직접 3D 모델링 작업을 할 수 있다면 더 좋겠죠. 3D 모델링으로 어깨 장식이나 허리 장식과 같은 입체 요소들까지 디자인해서 굉장히 화려하고 독특한 의상들을 만들 수 있으니까요.

이렇게 제페토에서 디자인하는 이용자가 50만 명이고, 아이템 수만 1500만 개에 달합니다. 제페토가 스튜디오 서비스를 처음 시작한 2020년에는 디자이너가 6만 명에, 제작된 아이템이 2만 개였다고 하니, 1년 사이에 어마어마하게 늘어난 거죠.

크리에이터 렌지는 2021년 6월 기준으로 거의 130만 개에 달하는 아이템을 만들었습니다. 렌지는 아예 제페토 안에 아바타 의상 디자이너들을 위한 매니지먼트 회사까지 차리고 디자이너 교육 협업 등을 진행해 더욱 주목을 받고 있습니다.

여러분의 꿈이 아바타 의상 디자이너라면 이런 식으로 매니지먼트 회사를 차리거나, 마음에 맞는 디자이너들을 모아 협동조합 형식으로 회사를 차릴 수도 있겠죠. 렌지의 사례가 재미있는 것은 가상 세계에서만 있는 직업으로 돈을 벌고 그 돈으로 현실에서 생활한다는 것입니다. 가상 세계에서만 있는 직업이 현실 직업과 같은 의미를 지니게 되는 것이죠.

한편, 본인이 만든 의상을 NFT로 만들어 공유한다면 그 의상을 다양한 메타버스 플랫폼에서 이용할 수 있게 될 것입니다. 제페토에서 입었던 의상을 다음 날 학교 온라인 수업을 하는 메타버스 플랫폼에도 입고 갈 수 있을 테고요. 따라서 앞으로 더 기대되는 직업입니다.

아바타 의상 원단 부자재 MD

아바타 패션 디자이너가 점점 많아지고, 다양한 디자인이 나오면 꼭 필요한 사람들이 있는데요. 바로 아바타 의상 원단 부자재 MD입니다. MD는 Merchandiser의 약자입니다. '상품 기획을 전문적으로 다루는 사람'이라는 뜻인데요. 아바타의 의상을 제작하는 데 필요한 원단이나 부자재 물량을 분석하고 예측해서 적당한 재료들을 공급하기 위해 계약을 진행하는 사람들입니다. 상품 MD이므로 경영이나 마케팅 지식이 있다면 좋겠죠. 무엇보다 옷과 패션을 이해하고 사랑하는 사람들에게 알맞은 직업입니다.

현재 다양한 가상 원단과 단추, 지퍼 등을 판매하는 디지털 패션 거래 플랫폼인 '클로−셋 커넥트'가 가상 공간에 문을 열었습니다. 클로−셋 커넥트에는 현실에서 유명한 원단, 부자재 회사가 입점해 있습니다. 아바타 의상 디자이너들은 클로−셋 커넥트나 아바타 의상 원단 부자재 MD가 마련한 다양한 질감과 색감의 원단과 부자재 중 원하는 것을 구매하고 의상 디자인을 할 때 가상 제품에 적용하는 겁니다. 앞으로 아바타 패션 디자이너가 성장하면서 함께 성장할 직업군으로 기대되는 직업입니다.

아바타 드라마 PD와 작가

요즘 유튜브에 '제페토 드라마'나 '젭드'를 검색하면 수많은 캐릭터 드라마를 쉽게 찾을 수 있습니다. 아직까지는 아바타를 가지고 노는 '인형놀이'에 가깝지만, 꽤 재밌는 이야기들도 많아서 이 드라마들을 만든 사람들이 여러분과 같은 십 대라고 생각하면 놀라게 됩니다.

앞에서 주로 이야기했던 메타버스 크리에이터 직업들은 플랫폼이 제공하는 기능들을 누가 더 잘 활용해 수익을 올리는가에 중점을 두고 있습니다. 그래서 메타버스와 현실에 걸쳐 있는 직업이라는 느낌이 들 수 있지요.

반면 아바타 드라마 PD는 그야말로 메타버스 안에서 태어난, 여러분만을 위한 직업 같다는 생각이 듭니다. 마치 웹소설처럼요. 2000년대에 들어서면서 조아라와 같은 대형 웹소설 플랫폼이 생기고 십 대들이 몰리면서, 십 대 웹소설 작가들이 많아졌죠. 이와 같이 제페토

이용자가 보통 십 대들이다 보니 아바타 드라마도 대부분은 십 대 청소년들이 만들고 있습니다. 서로 비슷한 감성을 공유하면서요.

아직까지 제페토 드라마는 정지된 화면을 배경으로 아바타가 등장해서 대사를 하고 또 화면이 전환되면서 배경이 바뀌는 방식이라서 우리가 아는 드라마와는 조금 차이가 있습니다. 그래도 아바타가 사용자의 표정까지 인식해서 대사에 맞는 다양한 표정을 지을 수 있어서 마치 배우들이 실제로 연기를 하는 것 같이 느껴집니다. 그래서 이 드라마들이 어디까지 성장할 수 있을지가 기대되지요.

아바타 드라마 PD, 작가가 되려면 어떻게 해야 할까?

현재 유튜브에서 활동하는 인기 아바타 드라마 제작자인 '이호'는 다양한 제페토 드라마를 만들고 있는데요. 여러분과 같은 십 대 학생입니다. 이호는 우선 제페토 아바타를 만든 뒤, 드라마 시나리오를 쓴다고 해요. 시나리오에 맞는 이미지를 가진 아바타를 선별하고 AR 카메라로 아바타들이 연기하는 것을 찍습니다. 그러고 나서 상황에 맞는 대사를 넣고 프로그램으로 이어 붙인 뒤 드라마를 완성합니다. 드라마를 제작하는 데 필요한 기술을 배우는 것은 그리 어렵지 않다고 합니다. 기술적인 면보다는 십 대들이 공감하고 좋아할 수 있는 이야기를 생각해내는 게 더 중요하다고 해요.

따라서 여러분이 아바타 드라마에 관심이 있다면, 지금부터 친구

들과 즐거운 시간을 많이 보내고, 주변 사람들도 관찰하고, 재미있는 상상을 많이 해보세요. 그리고 다양한 시나리오를 써보며 좋은 이야기를 생각해낸 뒤 아바타를 선정해서 드라마를 제작해 보면 어떨까요? 분명 시행착오를 겪을 수도 있겠지만, 이러한 경험들이 밑바탕이 되어 미래에 더 좋은 드라마를 만들어 낼 수 있을 것입니다!

버추얼 프로덕션 매니저

경기 하남시에 있는 브이에이코퍼레이션의 버추얼 3스튜디오. 창고 같던 스튜디오의 문을 열면 완전히 다른 세상이 펼쳐집니다. 중앙 대리석 계단을 중심으로 양옆에는 청동 조각상이, 천장에는 샹들리에 조명이 달려 있습니다. 마치 화려한 유럽 황실의 궁전 내부 같지요.

놀랍게도 이건 모두 실제가 아닙니다. 대리석 계단도, 청동 조각상도, 반짝이는 샹들리에도 모두 대형 발광다이오드(LED) 화면에 나타난 것일 뿐이죠. 가로 53.5m, 세로 12m 크기의 LED 세트는 곡선을 이뤄 벽과 천장까지 이어져 있어서 더욱 현실감이 느껴집니다.

버추얼 프로덕션은 컴퓨터그래픽과 3D 기반의 시각 특수 효과(VFX)로 작업한 결과물을 이렇게 LED 화면에 실시간으로 반영할 수 있어서 기존 촬영 방식에 비해 10~20%의 비용이 절감됩니다. 그래서 현재 국내 콘텐츠 제작사들은 앞다투어 버추얼 프로덕션 스튜디오를 만들고 있습니다. 글로벌 온라인동영상서비스(OTT) 기업들이 속속들이 우리나라에 진출하고, 드라마 '오징어 게임' 등 재미있고 다양한 콘텐츠 공급 기지로서 한국의 역할이 커지고 있기 때문이지요. 자연스럽게 버추얼 프로덕션 스튜디오에서 일하는 버추얼 프로덕션 매니저(virual production manager)도 유망한 직업으로 손꼽히고 있습니다.

버추얼 프로덕션 매니저가 되려면 어떻게 해야 할까?

버추얼 프로덕션 매니저는 현실이 아닌 가상 공간에 실제 장소의 모습을 그대로 구현한 3D 가상 배경을 만드는 일을 합니다. 브이에이코퍼레이션 스튜디오와 같은 버추얼 프로덕션에서 활동하는데요. 버추얼 프로덕션 제작 방식이 자리 잡은 할리우드에서는 이 직종에 대한 채용이 활발하게 이뤄지고 있습니다. 특히 스타워즈를 제작하는 '루카스 필름'과 마블 영화들의 CG를 책임진 '스캔라인 VFX' 등이 본격적으로 버추얼 프로덕션 매니저를 채용하고 있죠.

버추얼 프로덕션 매니저는 촬영 전까지 제작사나 고객이 원하는 대로 가상 공간을 기획·제작해 완성하는 전반적인 일을 맡습니다. 최근에는 3D 가상 이미지를 제작하는 다양한 방법이 나오고 있어서 디자인 감각만 있다면 얼마든지 3D 그래픽 제작 프로그램으로 그래픽을 만들 수 있습니다. 따라서 버추얼 프로덕션 매니저가 되려면 컴퓨터 공학 지식보다는 디자인 감각과 일을 무탈하게 진행시키는 의사소통 능력을 갖추는 것이 더욱 중요합니다. 제작사나 고객과 원활하게 소통할 수 있어야 더 좋은 결과를 낼 수 있으니까요.

메타버스 세상에서 버추얼 프로덕션은 다양한 방법으로 이용될 것입니다. 예를 들어 아바타 드라마 배경에 사용된다거나, 영화가 성공해서 팬덤이 생기면 그 영화에 썼던 디지털 가상 이미지들을 메타버스 플랫폼에서 온라인 테마파크로 만들 수도 있겠지요.

무엇보다 누구나 쉽게 버추얼 프로덕션 기술을 사용하며 스스로 다양한 가상 세계를 만들어 나갈 수 있을 것입니다. 버추얼 프로덕션 기술은 지금 작업 방식을 뛰어넘어 AI나 클라우드컴퓨팅(cloud computing, 인터넷 클라우드를 통해 서버, 데이터베이스, 네트워킹, 소프트웨어 등의 컴퓨팅 서비스를 제공하는 것) 등과 같은 기술들과 계속 결합하면서 더 쉽게 사용할 수 있게 될 테니까요. 그만큼 버추얼 프로덕션 매니저의 업무 범위는 현재보다 훨씬 넓어질 것입니다. 버추얼 프로덕션 매니저가 앞으로 메타버스 속에서 어떤 활약을 할지 기대됩니다!

무궁무진한 메타버스
직업 세계 이야기

지금까지 메타버스와 관련된 다양한 직업들을 살펴보았는데요. 여기서 소개하지 않았지만, 더 나은 가상 공간을 지원하기 위한 일도 꼭 필요합니다. 어쩌면 가장 중요한 직업이라고 할 수 있는데요. 바로 VR이나 XR 헤드셋, AR 안경, 햅틱 기술을 활용한 컨트롤러 등 메타버스 기기를 개발하는 가상현실 기기 개발자입니다. 아무리 가상 공간이 발전한다 해도 현실 세계에서 편리하게 가상 공간으로 갈 수 없다면 아무 의미도 없을 테니까요.

팔머 럭키라는 게임을 좋아하던 소년이 가볍고 사용하기 편리한 VR HMD '오큘러스 리프트'를 만들지 않았다면 지금처럼 가상현실이 주목받지는 못했을 것입니다. 그가 뿌린 씨앗이 지금 많은 관심을 받는 오큘러스 퀘스트 2를 만들었다고 해도 과언이 아니지요. 다만 아직까지는 오큘러스 퀘스트 2를 사용하는 사람들보다는 스마트폰을 사용하는 사람들이 훨씬 더 많습니다. 애초에 비교조차 불가하죠. 스마트폰은 필수품에 가깝지만, 오큘러스 퀘스트 2는 있으면 좋지만 없어도 상관없는 물건이니까요. 이렇듯 사람들은 아직 모바일 인터넷, 웹 2.0 세상에 머무르고 있습니다.

메타버스가 차세대 인터넷이 되기 위해서는 스마트폰을 대체하고 메타버스를 주도할 기기를 만들어야 할 것입니다. 지금도 다양한 기업들이 스마트폰에 대적할 만한 가상현실 기기들을 제작하고 있습니다. 여러분이 시청각 신호 분석이나 전기 및 전자 공학 등을 공부한 다음, 다양한 아이디어를 가지고 기기 개발에 함께한다면 메타버스 세상은 성큼 다가오게 될 것입니다.

또, 홀로그램 제작자도 꼭 필요한 직업입니다. 홀로그램 제작자는 홀로그래피(두 개의 레이저광이 만나 일으키는 빛의 간섭 효과를 통해 3차원 입체 효과를 내는 기술) 콘텐츠를 만드는 사람입니다. 홀로그래피는 증강현실과 AR을 바탕으로 하는 혼합현실, 확장현실을 만드는 데 꼭 필요한 기술이죠. 물리학, 광학, 영상그래픽 디자인, 시각 디자인, 컴퓨터그래픽스에 대해 공부한 뒤 상황에 맞는 홀로그램 콘텐츠를 만들 수 있습니다. 홀로그램을 만드는 것뿐 아니라 공연미디어 전문가와 함께 공연 내용에 따라 배우 또는 관객의 행동에 반응하는 콘텐츠를 개발할 수도 있습니다.

최근 다양한 OTT 서비스에서 반응형 콘텐츠(interactive contents)를 제공하고 있죠. 반응형 콘텐츠란 이야기를 진행하다가 시청자들에게 선택하게 하고, 그 선택에 따라 이야기가 달라지는 형태의 미디어를 말합니다. 즉각적인 반응을 보이는 홀로그램으로 반응형 콘텐츠를 경험하는 건 생각만 해도 꽤 근사한 일입니다. 홀로그램 콘텐츠는 아이들을 위한 가상 교육 프로그램이나 가상 군사 훈련, 의료 산업 등에서도 얼마든지 활용 가능해 앞으로가 더 기대되는 직업입니다.

아울러 메타버스 세상이 제대로 정착하기 위해 제도적인 지원 정책을 마련하는 과학 기술 공무원이나, 과학 기술의 윤리성을 따지고 정책 마련에 조언을 주는 첨단과학기술 윤리학자 등의 직업도 여러분을 기다리고 있습니다. 특히 첨단과학기술 윤리학자는 우리가 메타버스 세상을 본격적으로 맞이하기 전에 반드시 생겨야 할 직업입니다. 과학 기술과 관련된 윤리적, 법적, 제도적인 문제를 논의하고 기술이 사람에게 이로운 방향으로 발전할 수 있도록 청사진을 그리는 일이기 때문입니다. 법과 사회, 정치, 과학, 철학 등을 전공하고 정부나 특정 기업의 연구원, 혹은 국제기구에서 활동할 수 있습니다.

그 밖에 AI 분석 능력을 바탕으로 한 직업들도 생겨날 것입니다. 예를 들어 맞춤형 게임 프로그래머가 있는데요. AI로 빅데이터를 분석해서 게이머의 선호도나 선택, 역량 등에 따라 전혀 다른 게임을 즐길 수 있는 개인화된 게임을 만들 수 있겠죠.

선택은 '여러분' 자신을 위해서

이렇게나 무궁무진한 직업들 속에서 가장 중요한 존재가 있습니다. 바로 여러분입니다. 정확히는 여러분이 미래에 무엇을 하고 싶은 지 아는 것이죠. 아무리 유망한 직업이어도 여러분이 그 일을 할 때 즐겁고 행복하지 않다면 아무 의미가 없을 테니까요. 여러분에게 맞는 직업을 찾으려면, 스스로를 항상 돌아볼 필요가 있습니다.

메타버스는 앞으로도 발전 가능성이 무궁무진합니다. 실질적으로 아직까지 백지에 가깝거든요. 현실에서 할 수 있는 일도, 가상에서 할 수 있는 일도, 이 모든 곳을 아울러 할 수 있는 일들도 지금 소개한 것보다 훨씬 더 많아질 것입니다.

메타버스를 본격적으로 향유할 여러분은 취미와 취향에 따라 다양한 직업을 동시에 갖게 될지도 모릅니다. 아예 새로운 직업들을 만들 수도 있겠죠. 광활하게 펼쳐질 메타버스 세상에서 여러분이 스스로 원하는 것을 알고, 나에게 꼭 맞는 직업들을 차근차근 찾아 나갈 수 있기를 바라봅니다.

빠르게 변하는 기술과 세상, 우리가 지금 해야 할 일은?

현재 메타버스는 초기 단계에 머물러 있습니다. 하지만 메타버스에 대한 정보들은 엄청나게 쏟아지고 있죠. 개념만 덜렁 있는데, 제각각 다른 생각을 가지고 메타버스를 이용하고 있습니다. 심지어 메타버스랑 크게 상관없는 것까지 '메타버스'란 이름을 붙이고 사람들을 유혹하고 있죠.

메타버스에 대해서 수많은 정보가 나오고 있는 만큼 우리들은 우왕좌왕하게 됩니다. 어떤 말이 옳고, 어떤 말이 그른 건지, 어떤 말이 우리를 사탕발림으로 유혹하는지 제대로 알 수 없지요.

이런 상황이기 때문에 우리는 잠시 멈춰 서서 '미디어 리터러시(media literacy)'를 갖춰야 합니다. 미디어 리터러시는 미디어 작동 원리를 이해하면서 미디어를 비판하는 역량을 갖추고 미디어를 적절하게 생산하고 활용할 수 있는 능력을 의미합니다. 한마디로 '헛소리 탐지기

171

(crap detecor)'를 갖추자는 것입니다. 헛소리 탐지기는 작가 어니스트 헤밍웨이가 한 말인데요. 그는 "좋은 작가가 되기 위해서는 헛소리 탐지기를 머릿속에 항상 갖추고 있어야 한다."고 역설했죠.

자, 여러분이 헛소리 탐지기를 훌륭히 장착했다면, 이제는 다음을 생각해 봅시다. 지금 이 순간에도 세상은 빠르게 변하고 있습니다. 변하는 세상에서 도태되지 않으려면 그 속도에 맞춰 변해야 할 것만 같습니다. 하지만 변하기 전에 꼭 짚고 넘어가야 할 것이 있습니다. 겉의 변화만 보지 말고 그 안이 어떻게 되어 있는지, 왜 이런 변화들이 일어나고 있는지 생각해야 한다는 거죠.

 개더타운 가상 사무실 영상
개더타운이 작동하는 방식에 대해 설명하고 있습니다.
개더타운 공식 유튜브 채널 gather

최근 급부상한 메타버스 플랫폼인 개더타운을 살펴볼까요? 개더타운은 다른 메타버스 기술이 지향하는 완벽한 아바타나 가상 세계가 아니라 2D로 가상 공간을 마련했습니다. 그것도 아주 구형 게임 같은 비주얼이죠. 그런데도 개더타운은 가상현실 사무실을 대체하는 좋은 대안이 되고 있습니다. 사실 화상 회의는 직접 만나 대화하는 것보다 더 많은 에너지가 소모됩니다. 집중력 저하, 고립감, 일상과 일의 경계가 모호해지는 점 등 여러 문제점이 있습니다. 개더타운은 메타버스가 갖는 공간적 특성으로 현실 공간의 한계를 해결한데다가 현실 공간의 장점을 접목시켰습니다.

개더타운 속 아바타들은 실제로 만났다가 헤어지는 움직임을 보이는데요. 재미있는 것은 서 있는 영역과 가까이 있는 아바타와만 대화를 나눈다는 것입니다. 현실에서 절친한 친구 자리에 찾아가 대화하는 것을 메타버스 속에서 그대로 재현하는 거죠. 무엇보다 내 얼굴을 계속 보지 않아도 됩니다. 화상 회의로 자신의 얼굴에 대한 성형 문의가 느는 지금 굉장한 장점인 셈이죠. 개더타운의 성공은 '우리 미래가 기술 중심이 아니라 인간 중심으로 가야 하는 이유'를 설명해 줍니다. 아무리 발전된 기술이라도 인간에게 힘든 점이 있다면 무의미하다는 겁니다.

최근 메타버스에 대한 관심이 뜨거워지면서 코딩이나 컴퓨터 언어를 배우거나 메타버스 플랫폼 엔진들이 무엇인지 알아보는 경우가 늘고 있습니다. 하지만 과학 기술은 하루가 다르게 발전합니다. 메타버스를 이루는 기술들 역시 마찬가지죠. 그러니 현재 나온 기술에 대해 미리부터 열심히 공부할 필요는 없을 것입니다. 어쩌면 개더타운 제작자가 그랬듯이 편견을 깨고 시각을 넓혀 자유로운 발상을 키워 나가는 것이 더 중요하지 않을까요? 그래야만 진정 우리가 편하게 사용할 수 있는, 인간을 위한 기술을 만들 수 있을 테니까요.

정말 중요한 것은 '나와 너, 우리가 현재 존재하는 세상에 대한 애정'과 '상상력'일 것입니다. 자신의 한계를 미리 정하지 않고 가상 세계의 무한한 자유로움 속에서 많은 것을 상상하고 도전해 보세요. 때로는 실패해도 좋습니다. 그럼으로써 여러분이 변화를 따라가는 사람이 아니라 변화를 만드는 사람이 될 테니까요.

05

Chapter

메타버스는
과연 기회의 세상이기만
할까?

메타버스라는 미지의 땅에 나타난

그림자는 무엇인지 알아보다

지금까지는 메타버스의 빛에 대해 이야기했습니다. 하지만 모든 게 좋을 것만 같았던 메타버스 역시 우리 삶처럼 어둠이 있습니다. 마치 달의 이면과 같죠. 빛이 있으면 그늘도 있는 법이니까요. 메타버스도 마찬가지입니다. 찬란한 가능성과 미래의 뒤에는 꼭 생각하고 넘어가야 할 어둠이 있습니다. 그렇다면 그 어둠들에는 어떤 것들이 있을까요? 우리는 메타버스 시대를 본격적으로 맞이하기 전에 무엇을 생각하고 고민해 봐야 할까요?

진짜 현실? 가상현실?
어떤 걸 현실이라고 불러야 할까?

두 남자가 오큘러스 사에서 만든 가상현실 기기인 오큘러스 퀘스트 2를 쓰고 게임을 합니다. 둘은 절친한 사이처럼 보입니다. 심지어 둘 다 게임 속에서 즐거운 시간을 함께 보내느라, 가족들은 안중에도 없죠. 게임을 마친 두 남자는 저녁때도 게임에서 만나자고 하고 각자 바깥으로 나오는데요. 문 밖에서 딱 마주치게 됩니다.

네, 맞습니다. 이 두 남자는 서로 옆집에 사는 이웃사촌입니다. 하지만 둘은 엘리베이터 안에서 아무 말도 없이 어색하게 서 있죠. 가상 세계에서는 둘도 없는 친구지만 현실에서는 데면데면한 이웃인 겁니다. 심지어 서로 절친한 친구인 줄도 모르고 소음 문제로 싸우기까지 합니다. 그런 둘의 모습 위로 "Your Closest Friends Are Ready. Quest is Ready(가장 친한 친구들이 준비되었습니다. 퀘스트 역시 준비 완료.)"라는 글이 화면을 가득 채웁니다.

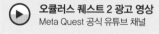
이 이야기는 2021년에 나온 VR 기기 제작 회사 오큘러스 사의 광고 내용입니다. 오큘러스는 현실에서는 데면데면한 사람도 가상현실 게임 안에서는 얼마든지 친구가 될 수 있다고 이야기합니다. 그만큼 당신의 세상이 더 넓어질 수 있다고 말이죠. 하지만 오히려 이 광고는 메타버스가 그리는 미래에 대해서 의문을 갖게 만듭니다.

가상현실 체험자에게 가상현실 속 모든 것은 현재 존재하지만 실제로 존재하지는 않는 것들입니다. 따사로운 햇살, 멋진 우주의 광경, 나무, 별 등 모두 체험자들 앞에 존재하지만 진짜 현실에는 존재하지 않는 것들, 즉 '주관적 현실'이라고 할 수 있습니다. 반대로 가상현실 속에서 체험자들은 실제로 존재하지만 가상현실 속에 현존하지 않는 '객관적 현실'입니다.

지금까지 사람들은 현존과 실존이 일치하는 곳에서 살아왔고, 현존과 실존이 일치하는 존재들과 관계를 맺으며, 현존과 실존이 일치하는 삶을 살고 있었습니다. 이게 바로 지금까지 우리 삶의 패러다임이었죠.

그러나 가상현실은 다릅니다. 체험자는 분명 경험을 합니다. 비록 아바타의 모습일지언정 새로 친구들도 사귀고 메타버스 속에서 현실에서는 못하는 많은 일을 하죠. 하지만 가상현실 속에서는 현존과 실존이 일치하지 않습니다. 그럼에도 우리는 가상현실 속에서 가상 이미지를 현실처럼 받아들입니다. 가상현실에서 경험하는 일들도 우리가 현실에서 경험하는 일들처럼 고스란히 우리의 기억이 되죠.

이 가상현실의 경험과 기억을 더욱 중시해 우리가 존재하는 객관적인 현실에서 도망치려는 이들이 있다면 어떨까요? 영화 '매트릭스'의 등장인물 사이퍼는 매트릭스 시스템을 신경에 직접 연결시켜 의식을 육체와 분리시킨 뒤, 자유자재로 진짜 세계와 가짜 세계를 오갑니다. 그는 가상현실인 매트릭스에 있을 때 자신 앞에 놓인 스테이크가 가짜인 걸 아는데도 무척 맛있게 먹습니다. 왜냐하면 매트릭스 시스템이 맛있다는 신호를 사이퍼의 뇌에 보내 주기 때문이지요. 그에게 있어 진짜 현실은 원하는 일을 마음껏 할 수 있는 가상현실인 매트릭스입니다. 사이퍼에게 객관적인 현실은 불편하고 불평등하게 느껴질 뿐이죠. 그는 진짜 밖에 있는 현실이 무엇인지에 대해서는 전혀 고민하고 싶지 않습니다.

앞으로 가상현실 기술이 더욱 완벽해진다면 궁극적으로 '매트릭스'가 그리던 것처럼 인간의 신경계와 만날 가능성이 있습니다. 실제로 메타는 사람의 근육과 뇌를 오가는 전기 신호를 감지하는 '근육 감지 팔찌'라는 가상현실 기기를 만들고 있거든요.

만약 이 정도까지 기술이 발전한다면 어쩌면 메타버스를 뛰어넘어 아예 가상 공간에 우리 삶 자체를 옮기려는 시도도 있을 수 있겠죠. 문제는 100% 가상으로 만든 디지털 세계가 진짜 현실의 부조리하고 치열한 면모는 굳이 재현하지 않을 수도 있다는 겁니다. 현실에 절망

한 사람들이 사이퍼처럼 가상현실 공간에서 제2의 자아를 찾고 해방
감과 즐거움만 추구한다면? 그래서 그 아바타를 한동안, 아니 영원
히 현실로 돌아오지 않게 만들고자 한다면? 이 가상 세계가 지구촌
구석구석에 뻗어 나가 그 안에 객관적 현실을 외면하는 아바타들만
이 있게 되면? 아마 그동안 우리가 역사 속에서 만들어 온 가치관과
전통이 전혀 다른 방향으로 뻗어 나갈 겁니다. 어쩌면 그 가치관과
전통은 아예 무너져 버릴 수도 있겠지요.

　다시 오큘러스 광고 이야기로 돌아갑시다. 오큘러스는 현실에서는
데면데면한 이웃도 가상 세계에서는 둘도 없는 친구가 될 수 있다고
말합니다. 그런데 가상에서만 이뤄지는 우정이 과연 진짜 우정일까
요? 계정이 삭제된다거나 혹은 상대방의 마음이 바뀌어서 계정을 다
른 누구에게 양도한다면? 그 사람은 아직도 '내 친구'일까요?

　물론 현실에서도 여러 일로 더 이상 친분을 유지하지 않는 경우가
있습니다. 아니, 현실에서 사람과 사람 사이 관계는 더욱 어려울 것

입니다. 캐릭터를 내세우는 게 아니라 진짜 자신을 보여 줘야 하기 때문이죠. 그래서 오큘러스가 말한 대로 가상에서 즐거움을 찾고 우정을 나누는 게 오히려 더 편하고 좋을 수도 있습니다. 하지만 그래도 계속 의문은 남을 수밖에 없습니다. 진짜 실체를 알지 못한 채 그저 로그아웃해 버리면 사라질 인연이 과연 우리에게 좋은 인연일까요?

어떤 것이 정말 현실인지를 결정하기 전에 우리는 과연 무엇을 생각해야 할까요? 가상 세계의 가상 인연을 그냥 주어진 대로 받아들이고 그걸 무조건 진짜 내 경험과 기억으로 삼아도 괜찮은 걸까요?

가상현실에서는 과연
모든 게 평등할까?

메타버스는 아바타로 활동하다 보니 인종도, 나이도, 피부색도, 성별도 상관없이 모두가 평등해질 것만 같습니다. 그런데 과연 그럴까요?

2018년 영화 '레디 플레이어 원'에서 사람들은 '오아시스'라는 메타버스에 열광하고 있습니다. 오아시스는 암울한 현실과 달리 누구나 원하는 아바타로 어디든 갈 수 있고, 상상하는 것은 무엇이든 할 수 있는 공간이죠. 게다가 오아시스를 만든 개발자가 오아시스 게임 내에서 미션 세 개를 완료하면 자신의 유산을 모조리 물려주겠다고 선언했기 때문입니다.

주인공 역시 개발자의 유산을 받기 위해 게임 안에서 고군분투합니다. 그런데 영화는 주인공을 포함한 평범한 사람들의 모습과 교차해서 인상적인 상황 하나를 보여 줍니다. 대기업에서 수많은 사람들과 전문가들을 고용해서 미친 듯이 게임을 시키는 장면이 나옵니다. 이렇게 하면 혼자 싸우는 것보다 유산을 차지할 확률을 확실히 높일 수 있겠죠. 바로 '돈'과 '권력'으로요. 이 장면을 보면 현실 속 빈부 격차가 가상 세계에도 영향을 미칠 수밖에 없다는 걸 알 수 있습니다. 그냥 영화의 한 장면일 뿐이라고 치부하기에는 꽤 현실적인 이야기죠.

모든 게 평등할 것만 같았던 가상 세상이지만 실제는 어떨까요? 당장 우리 모두가 남녀노소 상관없이 동등한 입장에서 메타버스를 즐길 수 있을까요? 답은 '아니다'입니다. 가상 세상 역시 우리 사람들이 만들어 가니까요. 당연히 그 세계에도 현실 사람들의 생각이 들어갈 수밖에 없습니다. 예를 들어 미리 지불한 돈에 따라 경험할 수 있는 게 다르다면 어떨까요? 메타버스 플랫폼 내 특정 공간에 들어가기 위해서는, 다른 사람보다 더 많은 돈을 내야 한다는 규정이 있다면 모두가 동등한 체험을 할 수 없습니다.

이보다 좀 더 근본적인 문제도 있습니다. 가상현실 속에서도 마찬가지지만, 그 가상현실로 가는 길목에서도 평등은 없을 수도 있다는 것입니다.

메타버스를 모두 이용할 수 있는 날이 온다면 좋겠지만, 현실은 어떨까요? 가상현실 기기들은 비싸고 메타버스 플랫폼에서 새로운 것을 하려면 돈이 들어갑니다. 앞서 우리는 메타버스 플랫폼인 제페토에서 직접 의상을 제작하고 돈을 벌 수 있다고 했습니다. 하지만, 현재 제페토 정책상 내가 만든 의상도 내 아바타에 적용시키려면 직접 플랫폼에서 구입해야 합니다. 마냥 옷이 팔리기를 기다리다간 수많은 아이템 속에서 내 작품이 그냥 묻혀 버릴 수 있습니다. 그 때문에 아이템을 팔기 위해서는 직접 아이템을 구입해서 아바타에게 입힌 뒤에 사람들에게 꾸준히 노출시켜야 하는 거죠.

메타버스 교육은 어떨까요? 과학 사회학자 로버트 머튼은 '마태효과(matthew effect)'라는 개념을 만들었습니다. 마태효과는 과학자 사회에서 생기는 '부익부 빈익빈(富益富 貧益貧)'을 표현하는 단어인데요. 이미 명망이 있는 과학자는 계속해서 유명해지지만, 그렇지 못한 과학자는 계속해서 인정받지 못하는 현상을 의미합니다.

불행히도 마태효과는 과학자 사회에서만 적용되는 문제가 아닙니다. 신기술을 옹호하는 사람들은 신기술들이 불평등을 줄일 수 있다고 말하며 메타버스가 곧 '교육 민주화'라고 합니다. 그런데 '이미 있는 자는 더 받아 풍족해지고, 없는 자는 가진 것마저 빼앗기는' 일이 교육 기술과 대규모 학습 분야에도 나타날 수 있습니다. 부유한 사람들은 온라인 학습 도구와 소프트웨어를 활용할 자원과 정보를 훨씬 더 많이 보유하고 있거든요.

기술을 배우는 것도 마찬가지입니다. 애초에 디지털 기기가 없는 사람들도 있습니다. 아무리 지원을 받더라도 기기에 차이가 있을 수 있고, 기기 사용법을 배우는 방식도 차이 날 수 있습니다. 그래서 신기술은 의도와는 다르게 이미 혜택을 받는 학습자들에게 더 많은 혜택이 돌아가죠.

정보 취약 계층에 대한 이야기도 빼놓을 수 없는데요. 보통 저소득층과 장애인, 농어민, 장노년층 등이 정보 취약 계층으로 분류됩니다.

과학기술정보통신부가 발표한 「2020년 디지털정보격차 실태조사 보고서」에 따르면, 2019년 기준 일반 국민의 모바일 스마트기기 보유율이 92.3%인 반면, 고령층의 보유율은 77.1%에 불과했습니다. 연령대별로 살펴보면 그 차이가 극명합니다. 60대의 경우 89.7%가 모바일 기기를 가지고 있지만, 70대 이상은 44.9%만이 모바일 기기를 갖고 있죠.

한국소비자원이 2020년 9월 발표한 자료를 살펴볼까요? 1년간 전자상거래나 키오스크를 이용한 적이 있는 65세 이상 소비자 300명을 대상으로 설문 조사한 결과, 고령 소비자들은 키오스크 이용에 어려움을 토로한 것으로 확인됐습니다. 심지어 키오스크에 대해서 공포와 무력감까지 느꼈지요. 어르신들은 키오스크만 있는 가게는 아예 못 간다고 말하는 경우도 많았습니다. 계속 디지털로 바뀌어 가는 세상에서 정보 취약 계층은 점점 고립될 수밖에 없습니다.

가상현실 교육도 마찬가지입니다. 메타버스 플랫폼에 익숙한 선생님과 그렇지 않은 선생님 간에 차이가 클 수밖에 없습니다. 어떤 선생님은 메타버스 안에 가상 교실을 만들어 다양한 방식으로 비대면 수업을 진행하는 한편, 어떤 선생님은 수업을 줌 화상 회의로 하고, 어떤 선생님은 유튜브나 EBS 강의를 아이들이 각자 보는 방식으로 진행합니다. 모두가 공평하게 누려야 할 교육의 권리가 정보 격차로 인해 불평등해지는 것이죠.

그렇다면 우리는 이 문제를 어떻게 해결하면 좋을까요? 법적인 장치와 제도적 지원을 마련하는 것만으로 과연 이 문제들을 모두 해결할 수 있을까요? 메타버스 세상을 평등하게 만들 길은 요원한 것일까요?

사생활을 팝니다

메타버스를 여는 중요한 기술인 확장현실은 큰 주목을 받고 있습니다. 그런데 확장현실을 지원하기 위한 기기들이 이전에는 수집되지 않았던 정보까지 수집합니다. 시선의 이동을 따라잡는 아이트래킹(eye tracking) 기술 때문이죠. XR 기기를 착용한 사용자의 시선이 이동하는 방향이 전부 수집되고 분석됩니다.

더 나은 확장현실을 구현하기 위해 꼭 필요한 기술이지만, 문제는 이때 모은 정보가 단순히 2D 화면에 시선이 머무는 것을 분석하는 데 그치지 않는다는 것입니다. 메타버스에서 무엇을 보고 누구와 만나는지, 어떤 것에 좀 더 시선을 두고 골몰하는지까지 인공지능 AI로 심층적으로 분석할 수도 있습니다.

아울러 현실에서 제3의 보이지 않는 존재(예를 들어 플랫폼을 운영하는 회사 등)가 메타버스에서 활동하는 특정 개인의 생활을 입체적으로 관찰할 수 있습니다. 아바타의 일거수일투족을 메타버스에서 감시할 수 있는 거죠. 그런데 감시에서 끝나지 않고 개인 데이터나 아이디어, 성격을 마케팅 등에 활용할 목적으로 다른 회사와 공유하게 된다는 것이 문제입니다. 이런 공유가 단순히 마케팅 활용에서 끝나지 않을 수도 있으니까요.

게다가 메타버스에서는 현실처럼 어떤 개인 정보가, 어느 시점에, 누구와 공유되는지 확인하기가 어렵습니다. 여러분이 친구들과 분식집에서 떡볶이를 사먹고 엄마 신용카드로 돈을 낼 때, 결제에 필요한 정보들이 결제 네트워크에 있는 다양한 참여자(신용카드 회사, 은행, 마일리지 플랫폼 등)에게 공유되지만 여러분이 이를 당장 알지 못하는 것과 비슷하지요. 우리는 행복하고 즐겁게 메타버스 플랫폼을 돌아다니지만, 그러는 와중에 우리 정보들이 어디부터 어디까지 다른 곳에 공유되는지 알 수 없다는 것입니다.

게다가 여기에 '광고'까지 보면 더 문제가 됩니다. 광고를 보면 플랫폼에서 사용할 수 있는 포인트를 얻지만, 사실 그 포인트는 단순히 '무료'가 아닙니다. 광고를 클릭하면 광고가 나오면서 화면 하단에 매우 작은 (i) 표시나 글씨가 보일 텐데요. 표시를 클릭하거나 글씨를 자세히 살펴보면 대부분 개인 정보 수집 동의와 활용에 대한 내용입니다. 결국 여러분이 해당 플랫폼에 기입한 개인 정보 중 일부를 수집, 활용해도 된다고 허락하는 것입니다. 여러분의 개인 정보가 '상품'이 되어 팔린 대가로 포인트를 얻는 셈인 거죠.

무방비하게 노출되는 어린이들의 개인 정보

지금의 메타버스는 플랫폼 형식입니다. 플랫폼은 웹과 지향점이 다릅니다. 웹의 아버지라고 불리는 팀 버너스 리는 2004년 인터뷰에서 "웹의 정신은 공개와 공유이며, 국경을 초월한 아이디어의 융합과 협력을 도모하려면 각자 별도의 플랫폼을 만드는 경쟁을 해선 안 된다"고 말했습니다. 플랫폼은 웹을 개방적인 공간이 아닌, 닫힌 공간으로 만들기 때문입니다.

자유롭게 여기저기 넘나들 수 있는 웹과 달리, 플랫폼은 사용자를 플랫폼 안에 붙잡아 두려고 합니다. 사람들이 다른 플랫폼으로 가는 것을 두려워하죠. 그래서 플랫폼 회사들은 이용자가 원하는 온갖 즐거운 콘텐츠와 서비스를 제공하면서 이용자를 계속 머물게 합니다.

문제는 지금 메타버스 플랫폼을 사용하는 주 계층이 아동 청소년과 같은 미성년자라는 것입니다. 우리나라도 그렇지만 현재 미국 9~12세 어린이들의 60%가 로블록스를 이용한다고 합니다. 이 아이들이 로블록스에서 보내는 시간은 무려 유튜브의 2.5배나 됩니다.

게다가 메타버스 플랫폼은 유튜브나 페이스북처럼 완전히 닫힌 플랫폼도 아닙니다. 유튜브는 미력하지만 아동용 유튜브를 따로 두고 있죠. 페이스북은 가입하지 않으면 사용할 수 있는 게 거의 없습니다. 하지만 메타버스 플랫폼은 다릅니다. 제페토는 가입하지 않아도 사용할 수 있는 서비스들이 있습니다. SPOT처럼 가상 교실을 만드는 메타버스 플랫폼들도 선생님이 가입해서 아이들을 게스트로 초대

할 수 있죠. 개더타운은 아예 18세 미만은 플랫폼을 사용할 수 없다고 공지하지만 로그인 과정에서 나이를 확인하지 않습니다. 그래서 아동이나 청소년들이 사실상 접근할 수 있고요. 결국 아이들이 따로 가입하지 않아도 사용 가능한 것입니다. 아동에 대한 보호 정책을 따로 만드는 것이 더 어려울 수밖에 없는 거죠.

그런데도 현재 메타버스 플랫폼들은 아동의 개인 정보에 대한 보호 정책을 별도로 만들지 않고 있습니다. 15세 미만은 가입이 어렵다는 이야기만 할 뿐이죠. 이건 경제 논리 때문이기도 합니다. 현재 메타버스 플랫폼들은 모두 개인 기업이 운영합니다. 아직까지는 우리가 꿈꾸는 메타버스와 조금 다른 형태지요. 그런데 지금 메타버스 플랫폼들이 아동을 보호한다는 이유로 여러 제약을 두면, 아동들의 몰입감은 자연히 깨질 것입니다. 그러면 재미를 못 느껴서 탈퇴하는 계정들이 많아질 겁니다. 메타버스 플랫폼 입장에서는 아동 보호 정책을 따로 만드는 게 부담스러울 수밖에 없는 거죠.

앞서 언급한 SPOT의 경우, 청소년들은 보호자의 확인을 받아야 한다고 명시합니다. 개더타운도 어찌 됐든 15세 미만은 가입할 수 없다고 하고요. 개더타운과 SPOT은 학교에서 교육용 목적으로 많이 이용되기 시작했는데요. 아동이나 청소년들이 직접 이런 메타버스 플랫폼을 사용하는 것은 편리한 만큼 위험도 큽니다. 선생님과 이용하더라도 로그인에 개인 정보를 저장하고 음성, 영상, 채팅 등을 통해 참여하는 학생들과 가족의 사생활이 지켜지지 않을 수 있기 때문이죠. 미국은 COPPA(Children's Online Privacy Protection Act)라는

'어린이 온라인 프라이버시 보호법'이 있습니다. 학생들의 정보는 성인과 똑같이 온라인상에서 보호받아야 한다는 내용이 골자입니다.

하지만 우리는 사생활 침해 문제와 개인 정보 보호 문제에 대해서 기술적, 법적, 제도적 장치를 아직 충분히 마련하지 못했습니다. 그런데도 메타버스 플랫폼 안에서 우리의 사생활은 그냥 가져가라는 듯 널려 있습니다. 우리는 메타버스 안에서 사람들과 만나기 위해 SNS처럼 우리의 일거수일투족을 올리고 있고요. 메타버스 안에서 사람들과 음성이나 영상 채팅을 하는 동안 필연적으로 우리의 생각이나 다양한 정보들을 데이터로 남기고 있습니다.

과연 여러분의 사생활과 개인 정보는 얼마일까요? 돈으로 환산할수 없는 소중한 여러분의 사생활과 개인 정보를 우리는 어떻게 보호하면 좋을까요?

우리 앞에 아바타,
믿을 수 있을까?

2003년 가상현실 게임 '세컨드 라이프'를 세상에 내놓은 필립 로즈데일은 "사용자들을 통제하지 않는 서비스가 메타버스의 주도권을 가져다줄 것"이라고 말했죠. 로즈데일의 말은 우리가 메타버스를 꾸려 가는 데 꼭 필요한 이야기입니다. 메타버스를 이용하는 사람들을 통제하는 무언가가 있다면, 메타버스가 디지털 세계의 민주주의라는 말이 무색해지겠죠. 메타버스는 모두의 메타버스이기 때문에 의미 있는 것이니까요.

그런데 문제는 메타버스에 악당이 나타나지 않으리라는 보장이 없다는 것입니다. 메타버스가 현실을 그려 내는 만큼, 현실 세계에 있는 악당이 메타버스에도 등장할 수 있으니까요. 게다가 메타버스는 가상 공간이기 때문에 아바타로 익명성이 보장됩니다. 우리는 상대방의 아바타를 볼 뿐 진짜 얼굴은 볼 수 없죠. 그래서 상대방이 작정하고 나이나 국적, 성별을 속인다면 속아 넘어갈 수밖에 없습니다. 상대방이 단순히 자신의 정체를 숨기는 것을 넘어서 범죄의 의도로 우리에게 접근해도 우리는 모를 수 있다는 것입니다.

2021년 3월 영국에서는 성범죄 전과가 있던 23세 남성이 로블록스에서 7~12세 아동에게 부적절한 접근을 시도해서 구속되었습니다. 이러한 위험성은 로블록스에만 있는 것이 아닙니다. 제페토나 마인크래프트도 마찬가지죠. 이처럼 메타버스 플랫폼 안에서 성희롱과 사이버폭력, 괴롭힘 등에 노출되는 경우가 많은데도 현재 대응책은 미비한 실정입니다.

제페토를 운영하는 네이버제트는 제페토에서 불법 행위를 해서는 안 된다는 커뮤니티 가이드라인을 만들어 두었지만, 이용 약관에는 '불쾌하고 선정적이며 모욕적인 자료에 노출될 수 있고 서비스를 이용함으로써 이러한 위험 요소를 받아들이는 것에 동의한다'는 면책 조항을 넣었죠. 한국 법인을 설립한 로블록스 역시 '모욕적·선정적·불법적인 콘텐츠에 대해 책임지지 않는다'는 취지의 내용을 이용 약관에 명시했고요.

메타도 자사 메타버스 플랫폼인 호라이즌 월드 내에서 성희롱 등 성범죄를 줄이기 위해 새로운 기능을 제시했습니다. 바로 다른 아바타들이 너무 가까이 다가오는 것을 막기 위해 아바타 간에 4피트(121.92cm) 거리를 유지하는 기능을 도입한 거죠. 앞으로 호라이즌 월드에서는 이 기능이 제대로 작동하기 전까지 다른 아바타에게 너무 가까이 다가가면 아바타의 손이 아예 사라지게 된다고 합니다. 하지만 이런 것이 근본적인 대책이 될 수 있는지 의문입니다.

메타버스라는 무법 지대?

메타버스 세계에서 아직까지 누가 규칙을 정하고 이익을 얻을 것인지가 확실히 결정되지 않았습니다. 특정 사용자 집단이 메타버스를 차지하고 무법 지대로 만들 수 있는 만큼 새로운 사회 계약이 반드시 필요합니다.

그런데 이 계약은 어떻게 마련해야 할까요? '폭력' 또는 '욕설' 등의 키워드로 이벤트와 장소가 검색되지 못하게 막아야만 할까요? 유튜브에서 저작권 위반 사실을 찾아내는 것처럼, 특정 언어를 해시 값으로 전부 만들어 모아 놓은 '해시 값 모음'을 사용해서 어떤 아바타가 다른 아바타에게 욕이나 괴롭히는 말을 쓰면 그 말의 해시 값을 바로 '해시 값 모음'에서 찾은 뒤 해당 아바타는 바로 차단하면 될까요? 사용자의 안전 보호, 아바타 신원 도용 방지, 나쁜 사람들의 잘못된 행위를 막는 일은 과연 누가 담당하게 될까요? 경찰이 위장 아바타로 순찰을 돌거나 함정 수사를 해야 할까요?

이 의견들에도 고민할 부분이 있습니다. 특히 해시 값을 이용하는 것은 가장 간편해 보이지만, 또 다른 심각한 문제를 야기합니다. 바로 사용자들의 행동을 감시하면서 민감한 개인 정보와 사생활을 침해할 수 있다는 거죠.

현재 메타버스 플랫폼을 이용하는 것은 대부분 십 대들입니다. 따라서 메타버스가 범죄의 사각지대로 남도록 방치해서는 절대 안 될 일이죠. 그런데도 사람들은 막상 이 문제를 어떻게 해결할지 묻지 않습니다. 계정을 탈퇴하거나, 고심해서 사람들을 만나거나, 신중하게 행동하라고 할 뿐입니다. 하지만 우리가 아무리 조심한다고 해서 이 문제가 근본적으로 해결될까요? 여러분은 이에 대해서 어떤 생각을 하고 있나요? 과연 이 문제는 어떻게 해결할 수 있을까요?

메타버스는 과연 우리의
권리를 충분히 보호해 줄까?

사생활 침해와 개인 정보 보호 문제, 메타버스 안에서 일어나는 폭력과 범죄도 문제이지만, 생각지도 못한 문제가 또 있습니다. 우선 로블록스에 대한 이야기를 해볼까요?

여러분은 지금 로블록스에서 '로블록스 스튜디오'라는 개발 툴을 이용해서 게임을 만들었습니다. 로블록스 게임 개발자가 된 거죠. 과연 앞으로 어떤 일이 벌어질까요? 우선 여러분의 게임을 산 사람들이 생각보다 많이 나타났습니다. 차근차근 판매량이 오르고 있습니다. 그런데 로블록스에는 게임 내 소액 거래로 번 돈을 여러분이 가져가려면 몇 가지 지켜야 하는 규정이 있습니다.

첫째, 월 5달러(한화로 약 5,937원)의 구독료를 내고 로블록스 프리미엄 구독 서비스에 가입해야 합니다. 그래야 나중에 게임을 팔고 얻은 수익을 정산 받을 수 있죠.

둘째, 개발자가 게임으로 번 돈을 실제로 가져오려면 게임으로 최소 10만 로복스(robux,로블록스 내 화폐)를 벌어야 합니다. 그런데 여러분이 막상 10만 로복스를 벌어서 여러분의 계정에 정확하게 10만 로복스가 있다고 해도, 이 돈을 바로 현실에서 쓸 수 없습니다. 로복스는 아직 우리가 현실에서 쓸 수 있는 돈, 즉 통용되는 화폐가 아니기 때문입니다. 결국 여러분은 로블록스에 10만 로복스를 되팔아서 현금으로 만들어야 진짜 현실에서 사용할 수 있는 거죠. 보통 로블록스 스토어에서 10만 로복스를 구매하려면 현금 1,000달러(한화로 약 118만 원)를 결제해야 하는데요. 그런데 여러분이 로블록스에 로복스를 되팔면 여러분이 실제 받을 수 있는 돈은 350달러(약 41만 원)밖에 안 됩니다. 현금으로 로복스를 살 때와 로복스를 현금으로 바꿀 때의 '환율'이 서로 일치하지 않기 때문이죠.

마지막으로 로복스를 현금으로 바꿔 받으면 미국의 납세자용 서류 등을 제출해야 합니다.

다시 말해, 여러분이 게임을 판 돈, 즉 수익을 전부, 바로 얻을 수 있는 구조가 아니라는 것입니다. 여러분은 전체 게임 판매 수익 중 27%만을 가져갈 수 있습니다. 나머지 수익은 앱스토어와 로블록스가 가져갑니다. 결국 여러분이 힘들게 만든 게임으로 많은 돈을 버는 것은 여러분이 아닌 로블록스가 되는 것이죠.

로블록스는 공식 누리집에서 로블록스가 성장할 수 있는 건 바로 '700만 명'이 넘는 개발자들 덕분이며, 이들에게 지급한 금액이 2억 달러(한화로 약 2,375억 원)라고 말합니다. 그런데 누리집을 더 자세히 들여다보면 약 800명의 개발자가 1년 동안 3만 달러, 우리나라 돈으로 약 3,562만 원을 벌고 있다는 것을 알 수 있습니다. 물론 800명의 개발자들이 이런 식으로 수익을 낸다는 것 자체는 놀랍습니다. 하지만 겨우 800명의 표본만 가지고는 실제로 700만 명이 모두 수익을 내고 있는지, 과연 정당한 수익을 가져가는지 알 수 없죠.

문제는 이뿐만이 아닙니다. 로블록스의 놀라운 성공은 로블록스를 이용하는 수많은 미성년자 덕분이기도 합니다. 로블록스라는 메타버스 플랫폼을 살리고 구성하고 만들어 가는 것이 여러분이니까요. 그런데 미성년 개발자는 근무 환경이나 수익 배분 등에서 더 나은 조건을 얻기 위해 필요한 노동조합을 만들 수 없습니다. 미성년자 게임 개발자들이 갖는 권리에 대한 적절한 판례나 법률이 부족하기 때문에 부모들이 대신 나서서 이 문제를 해결하는 데도 한계가 있지요.

분명히 로블록스 같은 메타버스 플랫폼 덕분에 여러분과 같은 어린이와 청소년, 즉 미성년자들은 많은 기회를 얻을 수 있습니다. 게임 개발자가 되는 길이 예전과 다르게 정말 쉬워졌죠. 게임을 하는 사람과 만드는 사람의 경계도 허물어지고 더 창의적이고 더 즐거운 게임들이 많이 쏟아져 나올 수 있었습니다.

하지만 기술만 앞서 나가고 있을 뿐, 미성년 게임 개발자들의 권익을 어떻게 보호할 것인지는 충분히 논의하지 못하고 있습니다. 여러분은 성인 개발자들보다 더 나은 처우가 필요한데도 말이죠. 결국 기술 발전 속도를 나머지 사회 구조가 따라가지 못하는 것입니다.

이건 제페토도 마찬가지입니다. 현재 제페토에는 약 70만 명의 크리에이터가 경제 활동을 합니다. 하지만 그들이 가져가는 수익은 현저히 적지요. 만약 여러분이 만든 아바타 의상 하나를 1젬(zem, 제페토 내 화폐)에 판매한다면 여러분에게 떨어지는 수익은 23원입니다. 그나마도 한국 돈으로 11만 8천 원 정도가 되기 전까지는 실제로 출금도 못하고요. 그러려면 얼마나 많은 옷을 만들고 팔아야 하는지 감도 오지 않습니다.

메타버스는 앞으로도 계속 여러분의 활약이 필요할 것입니다. 여러분이 참여할 만한 직업들이 지금보다 더 많이 생겨나겠죠. 장밋빛 미래를 그리기 이전에, 우리는 반드시 여러분의 정당한 권익을 보호할 법적, 제도적 장치를 만들기 위해 노력해야 할 것입니다.

메타버스를
독점하려는 기업들

　우리는 메타버스가 '탈중앙화'되었기 때문에 큰 의미가 있다고 이야기했습니다. 모두가 동등한 입장에서 다양한 생각을 가지고 참여할 수 있는 수평적인 세상으로 기대하지요. 거대한 소통이 이루어지고 모두 어울릴 수 있는 공간, 우리가 꿈꾸는 메타버스입니다. 하지만 이러한 메타버스를 독점하려는 빅 테크(big-tech) 기업들이 있습니다.

　가장 대표적인 기업이 이름을 메타(Meta)로 바꾼 페이스북입니다. 메타는 한마디로 '메타버스의 모든 것을 다 관리하겠다'고 선언합니다. 전 세계 가입자 27억 명의 거대한 소통 플랫폼답게, 메타의 메타버스는 거대한 소통과 어울림의 공간으로 메타버스를 제안합니다. 메타는 가상 세계로 사람들이 이주하고 그곳에서 시공간을 초월해 소통하고 또 관계를 맺는 세상을 만들겠다고 했지요.

메타의 CEO인 마크 저커버그는 "우리의 DNA는 사람들을 연결하는 기술을 구축하는 데 있다"고 말했습니다. 메타는 현재 '호라이즌 월드(Horizon Worlds)'를 시작으로 업무 공간인 '호라이즌 워크룸(Horizon Workroom)', 개인 공간인 '호라이즌 홈(Horizon Home)'까지 공개했습니다.

2021년 10월에 열린 페이스북 커넥트 행사에서 공개한 메타의 메타버스 영상을 보면 저커버그가 아바타로 변신해서 다른 아바타들과 카드놀이를 하는 장면이 나옵니다. 이때 배경이 우주인데요. 테이블에 앉은 구성원들을 보면 사람을 닮은 아바타도 있고, 아예 현실에서는 누구인지 가늠이 안 가는 로봇도 있고 완전히 실제 사람과 똑같이 생긴 아바타까지 다양했죠.

메타는 호라이즌 월드를 통해 메타버스 세상을 구축하는 것에 머무르지 않고 기기, 즉 디바이스에 대한 투자도 아끼지 않고 있습니다. 메타버스가 웹 3.0으로 제대로 작동하려면 스마트폰을 뛰어넘는 가상현실 기기들이 꼭 필요합니다. 메타는 2014년에 VR 기기 전문 회사인 오큘러스를 인수하고 오큘러스 퀘스트 2로 메타버스 기기 시장에 돌풍을 일으키기도 했지요.

이외에도 메타는 리얼리티 랩(reality lab)이라는 조직을 만들어서 다른 기기 개발에도 나서고 있습니다. 사람의 근육과 뇌를 오가는 전기 신호를 감지하는 장치를 개발하는 중입니다.

아울러 사람들이 마음껏 가상 세계를 즐길 플랫폼까지 구축하고 있지요. 바로 오큘러스 VR 기기에서 즐길 수 있는 각종 콘텐츠를 모아 판매하는 오큘러스 퀘스트 스토어입니다. 지금은 1천 개 가량의 콘텐츠가 있으며, 외부 협력을 통해서 끊임없이 콘텐츠를 추가하는 상황입니다.

메타는 이런 식으로 기기부터 플랫폼 그리고 그 위에 쌓인 콘텐츠까지 모두 장악하겠다는 야심을 보이고 있는데요. 메타버스 전체를 한 회사가 독점하려는 메타의 행보는 그 자체로 비판의 여지가 있습니다.

한편 마이크로소프트는 메타와는 조금 다른 행보를 보입니다. 사티아 나델라 MS 회장은 빅 테크 최고경영자 중 가장 먼저 메타버스의 가치를 공개적으로 인정했지요. 다만 MS는 메타와 달리 업무 분야의 메타버스에 우선 집중했습니다. 홀로렌즈 2라는 기기, 화상 회의 팀스에 3차원 아바타 '메시'를 결합시킨 메시 포 팀스(Mesh for Teams)를 가지고 기업들을 지원하며 업무용 메타버스에서 가장 독보적인 존재가 되겠다는 전략을 세웠죠.

그런데 MS가 이에 그치지 않고 2022년 1월, 비디오 게임 업체인 액티비전 블리자드를 687억 달러(약 82조 원)에 인수하면서 큰 주목을 받고 있습니다. 덕분에 MS는 텐센트와 소니를 뒤이어 모바일·PC·콘솔을 아우르는 세계 3위 게임 업체로 떠올랐습니다.

이렇게 게임 엔터테인먼트 산업까지 손을 대면서 MS가 그리는 메타버스가 생각보다 더 넓을지도 모른다는 예측이 조심스럽게 나오고 있습니다. 게다가 MS는 2022년 1월 5일에 퀄컴과 함께 AR 반도체칩을 개발한다는 계획을 발표하기도 했고요. MS가 윈도즈 제품군으로 데스크톱 컴퓨터 운영체제 시장을 거의 독점했던 것처럼 어쩌면 메타버스를 독점하고자 할 날도 멀지 않아 보입니다.

반도체 칩셋을 만드는 퀄컴은 또 어떨까요? 2021년 미국 하와이에서 열린 '퀄컴 스냅드래곤 테크서밋 2021'에서 퀄컴은 "반도체 칩셋(퀄컴 스냅드래곤)이 메타버스로 향하는 티켓"이라고 말했습니다. 퀄컴은 메타버스로 향하는 티켓을 그 누구보다 먼저 발행해서 선점하겠다는 생각을 갖고 있습니다.

사실 메타버스 뿌리에는 스냅드래곤 같은 반도체가 있습니다. 메타버스 플랫폼 앱을 열고 메타버스 세상으로 향할 때 우리는 스마트폰을 사용하죠. 그런데 그 스마트폰은 반도체로 움직입니다. 스마트 안경이나 HMD 등 각종 VR, AR 기기를 제어할 때도 반도체가 꼭 필요하지요. 메타버스를 만들려면 대규모 데이터 통신과 처리가 필요한데 이를 담당할 데이터센터, 서버에도 반도체가 들어갑니다. 스마트폰이나 TV, 자동차 등 디지털 세상의 만물을 움직이는 뿌리에 반도체가 있는 것과 마찬가지죠.

퀄컴은 2018년 세계 최초로 확장현실 전용칩인 스냅드래곤 XR 1 플랫폼을 만들었습니다. 1년 뒤에 XR 2까지 출시했지요. 현재 세계 50여 개 이상 가상·증강현실 기기가 스냅드래곤 XR 칩을 쓰고 있습니다. 또, 증강현실 플랫폼 '스냅드래곤 스페이스'를 만들었는데요. 스냅드래곤 스페이스는 개발자가 안드로이드 앱을 만들 때 그 앱에 AR 기능을 구현할 수 있도록 돕는 도구입니다. XR 칩이 하드웨어 생태계를 노린다면 스냅드래곤 스페이스는 소프트웨어 생태계를 만드는 데 집중하는 거죠.

퀄컴은 메타버스 세상을 이루는 각종 요소가 생태계를 만들 때 반드시 자사 칩셋의 도움을 받도록 만들고 있습니다. 가령 퀄컴의 스냅드래곤 스페이스를 통해 메타버스 환경을 조성하는 기업이 있다면 이들은 현재 나와 있는 반도체 칩셋인 스냅드래곤 8 칩셋과 앞서 이야기한 XR 전용칩인 XR 2를 함께 사용하는 것이 절대적으로 유리합니다. 스냅드래곤 8과 XR 2가 호환성이 좋기 때문입니다.

이 호환성 때문에 퀄컴 기반 메타버스 생태계가 확장될수록 퀄컴의 스냅드래곤은 더욱 많은 기기에 탑재될 수밖에 없습니다. 결국 수많은 스마트폰에 퀄컴 칩이 탑재된 것처럼 메타버스 생태계를 만드는 데도 퀄컴 칩을 사용해서 좀 더 근본적으로 메타버스 시장을 독점하겠다는 것이죠.

마지막으로는 엔비디아입니다. 엔비디아는 컴퓨터의 GPU를 설계하는 회사로 메타버스에 꼭 필요한 컴퓨터그래픽 기술을 가진 회사입니다. 최근에는 인공지능 연구까지 하고 있고요. 그래서 엔비디아는 어떤 형태의 메타버스 세상이 만들어지건, 어떤 기업이 메타버스 세상을 차지하건 관계없이 성장할 것이라는 전망이 많습니다.

엔비디아는 메타버스의 기반 시설을 장악하려고 준비 중입니다. 대표적인 서비스가 2020년 12월 공개한 3D 협업 플랫폼 옴니버스(NVIDIA Omniverse™)입니다. 그래픽 작업이 필요한 건축가나 엔지니어, 개발자, 디자이너들을 위한 플랫폼인데요. 손쉽게 3D 사물을 만들고 또 다른 이용자와 실시간으로 공유하면서 이것을 수정할 수 있습니다. 현재 이 플랫폼은 무료로 공개됐습니다.

메타버스와 관련한 직업들은 3D와 떼려야 뗄 수 없는 관계죠. 메타버스 세상을 구성하는 가장 기본적인 존재니까요. 결국 엔비디아의 옴니버스는 메타버스 속 다양한 3D 사물들을 엔비디아 플랫폼으로 만들겠다는 전략인 셈입니다.

또, 엔비디아는 인공지능인 엔비디아 모듈러스(NVIDIA Modulus)와 토이-미(Toy-Me)를 선보이기도 했는데요. 특히 토이-미는 마치 사람처럼 이해하고 말하는 대화형 아바타입니다. 이 기능이 더 확장되면 메타버스 안에서 인공지능 비서를 만나게 될 수도 있는 거죠. 이처럼 엔비디아는 그래픽 기술과 인공지능 기술을 바탕으로 다양한 메타버스 환경을 만드는 툴을 선보이면서 누가 메타버스의 왕좌를 차지하건 간에 필수불가결한 존재가 되려고 힘쓰고 있습니다.

빅 테크 기업이 빅 브라더가 될 수도 있다?

빅 테크 기업의 기술은 나날이 발전하고 있고, 이 기술을 독점해서 사람들에게 본격적으로 공급하려 하고 있습니다. 그럼에도 아직까지 문제가 생겼을 때에 대한 논의가 부족한 실정입니다. 이에 대한 깊은 논의가 없다면, 모두의 메타버스 세상이 아닌 일부 기업들이 중앙 집권하는 사회가 될 수 있습니다.

메타버스를 일부 기업들이 중앙에서 관리하는 것이 왜 문제가 되

『1984』의 초판

냐고요? 조지 오웰의 소설 『1984』이야기를 잠깐 해볼까요. 『1984』에는 '빅 브라더'라는 수수께끼의 독재자가 나옵니다. 빅 브라더는 소설 속 배경인 전체주의 국가 오세아니아를 통치하는 자입니다. 오세아니아에는 "빅 브라더가 당신을 지켜보고 있다(Big Brother is watching you)"라는 문구와 빅 브라더의 얼굴 사진이 붙은 포스터가 건물과 거리 곳곳에 붙어 있죠. 얼굴의 시선은 지나가는 모든 사람들을 감시하는 것처럼 느껴집니다. 실제로 오세아니아의 모든 시민들은 지금의 CCTV와 유사한 텔레스크린(telescreen)으로 일거수일투족을 감시당하고 있죠.

오세아니아 사람들이 텔레스크린으로 감시당하듯 여러분도 메타버스를 구성한 빅 테크 기업에게 얼마든지 감시당할 수 있습니다. 메타버스에서 일어나는 모든 것은 데이터로 남기 때문이지요. 물론 빅 테크 기업들은 우리가 더 편리하게 메타버스 세상을 즐길 수 있도록 우리의 데이터를 이용한다고 할 겁니다. 하지만 이 데이터를 누군가가 나쁜 마음을 갖고 악용한다면요? 자신의 이익을 위해 다른 곳에 여러분의 소중한 개인 정보를 전부 넘긴다면요? 이것은 충분히 일어날 수 있는 일이고 실제로도 일어났던 일이죠.

설사 여러분의 정보를 가진 사람들이 모두 양심적이라고 해도 문제가 됩니다. 아마 많은 분들이 아무 생각 없이 스마트폰을 앞에 두고 친구랑 "테니스 시작하려고 요즘 라켓 보고 있어."라고 이야기한 순간, 구글에 테니스 라켓 광고가 뜨는 것과 비슷한 경험을 해본 적이 있을 것입니다. 당장 라켓을 사겠다고 마음먹은 것도 아닌데 말이죠.

이렇게 온라인에서 많은 시간을 보내면서 어느덧 우리 삶의 일거수일투족이 데이터가 되어 원하지도 않는 순간에 우리 삶에 영향을 끼치려 하는 세상이 왔습니다. 본격적인 메타버스 세상이 온다면 이런 일은 더 심각해질 것입니다. 우리가 디지털 가상 공간에 오래 머물수록 더 많은 정보들이 디지털 세상에 남을 테니까요.

언제든 우리가 무슨 생각을 하고 있는지 우리가 아닌 다른 사람들이 중앙에서 알게 되고 그것을 분류하게 한다는 건 굉장히 위험한 일입니다. 우리가 이 점을 분명히 인지하지 못하고 그저 메타버스에 탑승해서 편리함과 즐거움만 추구한다면 어느 순간, 빅 브라더 못지않은 존재가 탄생해서 우리 삶을 통째로 감시할지도 모릅니다.

줌 피로 증후군,
기술이 우리의 건강을
위협한다!

팬데믹 이후 2년. 재택근무와 화상 회의가 일상이 된 직장인들은 매일 너무 피곤하다고 말합니다. 업무와 여가의 구분, 집과 직장의 구분이 모호한 상황에서 쉼 없이 이어지는 화상 회의에 긴장을 늦출 수 없기 때문이죠. 그래서 '줌 피로(zoom fatigue)'라는 신조어도 등장했습니다. 줌 피로란 화상 회의 통신망인 '줌'을 사용한 뒤에 찾아오는 정체불명의 피로감을 의미합니다.

2021년 3월 제러미 베일렌슨 스탠퍼드대학교 교수는 심리학적 관점에서 '줌 피로 증후군'의 원인을 규명한 논문을 냈습니다. 베일렌슨은 화상 회의 때는 참석자 각자가 카메라를 응시하는데, 화면으로 보면 모두 자신만 쳐다보는 것처럼 느끼는 게 문제라고 했습니다. 한 화면에서 여러 사람과 동시에 마주 봐야 하는 상황이 뇌에 부담을 줘서 쉽게 피로를 느낀다는 것이죠.

내 얼굴을 회의 내내 봐야 하는 것도 스트레스를 유발한다고 합니다. 자신의 얼굴에 과도하게 신경을 기울이면 비판적으로 보려는 심리가 강해지게 마련이라 화면에 뜬 자기 얼굴에서 단점만 눈에 들어온다는 것입니다.

사실 화상 회의는 팬데믹 상황에서도 많은 업무를 할 수 있게 해주었습니다. 줌은 기술적으로 아무 문제도 없었고요. 그런데 여기서 문득 의문이 듭니다. 우리가 줌과 같은 프로그램을 만들어 사용하려 할 때 과연 그 기술이 '인간의 건강에 어떤 영향을 끼칠지' 미리 고민해 봤을까요?

줌만이 문제가 아니죠. 더 근본적인 문제가 있습니다. 현재 우리는 편리한 디지털 도구를 얻었지만, 이상하게도 그 안에 갇혀 버린 것 같습니다. 배터리가 떨어져서 충전을 하면서도 손에서는 스마트폰을 놓지 못하니까요. 그야말로 '기술 중독'의 시대라고 해도 과언이 아닙니다.

세계인은 평균 하루에 6시간 40분 인터넷에 접속한다고 합니다. 수면과 식사, 업무나 수업 등 어쩔 수 없이 스마트폰을 내려 놓아야 하는 시간 외에는 거의 모든 시간을 이 작은 기계 속 세상에서 보내는 셈입니다. 그러면서 거북목 증후군 등 건강에도 심각한 영향을 받지요. 그리고 우리는 이러한 문제들을 아직 해결하지 못했는데, 메타버스 세상을 맞이하려고 하고 있습니다.

과연 메타버스 세상이 온다면 어떻게 될까요? 가상현실 기기는 '몰입감'을 선사하기 때문에 어쩌면 스마트폰보다 더 중독되기 쉬울 텐데 말이죠.

NPC, 인공지능에게도
인권이 있을까?

"난 너희 인간들이 믿지 못할 것들을 봤어. 오리온자리 어깨에서 불타는 전
함들. 탄호이저 게이트 근처 암흑 속에서 반짝이는 C-빔들. 그 모든 순간
들은 결국 사라지겠지. 마치… 빗속의 눈물처럼."

이 대사는 영화 '블레이드 러너'에서 로이 배티라는 안드로이드가 마지막으로 내
뱉은 대사입니다. 로이는 자신을 위협하던 '인간'의 목숨을 구합니다. 그리고 짧았
던 생을 회상하며 이 대사를 주인공에게 건네고 죽음을 맞이하죠. 로이 배티는 그
냥 인간도 아니고 자신을 죽이기 위해 찾아온 자를 살리고 자신이 죽습니다. 이른
바 자기희생을 한 거죠. 그렇다면 로이 배티에게는 영혼이 있는 걸까요? 군인이나
테러범으로 작동했던 안드로이드가 아니라 그저 '한 사람'으로서의 존재 가치가
있었던 걸까요?
우리는 지금까지 '살아 있는 사람들'만이 인권을 갖는다고 생각해 왔습니다(여기
서 동물권에 대한 이야기는 논외로 하겠습니다). '법인격'이라는 예외도 있지만, 사실
은 이조차도 그 회사(법인)를 설립한 '사람'을 위한 것이니까요. 그래서 아직까지

도 인공지능을 어떻게 대해야 하는지 우리는 알 수 없습니다.

하지만 우리가 이런 철학적인 질문에 대한 답을 찾지 못한 순간에도 과학 기술은 빠르게 발전합니다. 메타버스에는 우리가 가상 세계를 더 쾌적하게 즐기기 위한 다양한 NPC와 인공지능들이 등장할 예정이지요.

엔비디아의 '토이-미'는 대화형 아바타입니다. 토이-미는 마치 인간처럼 이해하고 인간들과 대화할 수 있습니다. 맥신이라는 아바타 플랫폼 덕분이죠. 맥신은 '가상 로봇 플랫폼'입니다. 사실 로봇과 아바타는 기술이나 개념에서 크게 다르지 않습니다. 실제 현실에 물리적인 형태로 만들어 내면 로봇이 되는 거고, 가상 세계에 적용하면 아바타가 되는 것이죠. 아직까지 토이-미는 인간과 유사하게 행동하는 아바타일 뿐입니다.

그런데 만약 토이-미와 같은 가상의 아바타가 실제 사람과 구별 가지 않을 정도가 되어 스스로 살아 있다고 자각한다면 어떤 일이 일어날까요? 이건 어떤 것을 '진짜' 현실로 볼지에 대한 문제와 맞닿아 있습니다. NPC나 인공지능 AI들도 우리와 함께 '경험'을 하니까요.

그리고 어떤 것을 '인간다움'으로 볼지에 대한 문제와도 이어져 있죠. 앞서 로이 배티에게도 '인간다움'이 있고 '인권'이 있다고 판단한다면, 과연 어떤 것을 인간다움으로 봐야 했던 걸까요? 자기희생? 아니면 마치 인간처럼 죽기 전 어떤 기억을 회상하며 추억하는 점? 결국 인간이란 과연 무엇인지 질문을 던질 수밖에 없는 것이죠.

2021년에 개봉한 디즈니 영화 '프리가이'의 주인공 가이는 프리시티라는 게임 속 공간에만 살고 있는 NPC입니다. 은행 직원인 그는 친구 버디와 함께 각본대로 매일 똑같은 일을 하고 똑같은 옷을 입고 똑같은 대화를 나누며 똑같은 일상을 반복합니다. 그러다 가이는 우연히 지나가던 게임 유저인 밀리에게 첫눈에 반하며 정해진 삶을 벗어나 주체적으로 행동하기 시작하죠.

하지만 가이는 자신이 그저 진짜 인간들이 재미있으라고 만든 배경 캐릭터일 뿐임을 알게 되고 실의에 빠집니다. 그리고 친구 버디를 찾아가죠.

그런데 버디는 가이에게 "네가 진짜가 아니면 뭐 어떠냐?"고 되묻습니다. 결국 원하는 걸 깨닫고 누군가가 정해 놓은 행동이 아닌 자신이 하고 싶은 대로 행동했던 그 순간들만큼은 가이의 '진짜' 경험이었고, 그 순간 가이는 살아 있는 게 아니냐는 것이지요.

우리가 디지털 세상에 오래 머물수록, 앞으로 메타버스 공간에서 더 많은 시간을 보낼수록 데이터는 계속 쌓여 나갑니다. 이렇게 쌓은 수많은 데이터들이 인공지능을 점점 발전시키겠죠. NPC나 인공지능들이 로이 배티나 가이처럼 우리 인간과 같은 감정을 느끼고 주체성을 가진 채 자신만의 삶을 살고자 할지도 모릅니다. 그때 우리는 NPC나 인공지능들과 공존해야 하겠지요.

이때 NPC나 인공지능들이 로이 배티나 가이처럼 선한 행동만 하는 게 아니라 악한 행동을 할 수도 있을 것입니다. 기술이 빠르게 발전해서 인공지능들이 주체성을 가지려고 하기 전에 우리가 과연 인공지능의 감정에 '도덕성'을 심어 줄 수 있을지

고민이 필요한 시점인 거죠. 하지만 인공지능에게 양심과 공감, 도덕성을 가르치는 것은 마치 사이코패스나 소시오패스들에게 양심과 공감, 도덕성을 알려 주는 일처럼 어려운 일이 될 수도 있습니다.

과연 인공지능들과 공존하기 전에 우리가 생각해야 할 것은 무엇일까요? 우리는 어떤 준비를 해야 할까요? 인공지능이 도덕적 양심에 따라 행동할 수 있도록, 또 사람들을 해치거나 악한 행동을 하지 못하도록 먼저 감정에 관한 프로그램을 만들어야 할까요? 그런데 이런 프로그램은 어떻게 마련할 수 있을까요?

06

Chapter

미래 세상과 메타버스를 슬기롭게 만들기 위해 우리는 무엇을 해야 할까?

현실과 가상의 조화로운 공존을 위해
우리가 생각해야 할 것들

메타버스는 단순한 가상 세계를 그리고 있는 것이 아닙니다. 우리의 현실을 가상 세계까지 확장하겠다는 거죠. 하지만 앞 장에서 살펴보았듯이, 우리를 둘러싼 모든 것들에는 빛이 있다면 어두운 그림자도 있습니다. 메타버스가 무조건적으로 우리에게 즐거움과 행복만을 가져다주지는 못합니다. 그래서 우리는 잠시 멈춰 서서 우리의 미래를 수놓을 메타버스를 어떻게 만들어 나갈지 고민해야 합니다. 메타버스는 어떤 형태로든 분명히 그 싹을 틔우기 시작했으니까요. 꽃을 피우고 열매를 맺기 전에 우리가 어떻게 아름답고 건강한 꽃을 피우고 어떻게 탐스러운 열매를 맺게 할지, 다 함께 생각해야 하는 것이죠.

메타버스는 정말
기회의 땅일까?

인터넷이 발달하고 네트워크로 연결된 정보가 인류의 모든 지식과 정보들의 일부로 자리 잡은 지 아직 반세기도 지나지 않았습니다. 하지만 인터넷이 우리에게 끼치는 영향은 어마어마합니다. 게다가 인터넷은 하루가 다르게 발전하고 있죠. 수많은 사람들이 순간적으로 엄청나게 많은 정보에 접근할 수 있게 됐습니다.

누구나 쉽게, 언제든 정보에 접속할 수 있는 세상. 얼핏 들으면 모두 다양한 정보에 자유롭게 접근할 수 있게 되면서 진정으로 민주적이고 평등한 세상이 온 것 같습니다. 하지만 이미 많은 사례에서 증명했듯이 현실은 그렇지 않습니다. 수많은 정보가 인터넷 세상에 범람하면서 '빅데이터(bigdata) 시대'라는 말까지 생겨났음에도 우리가 얻는 데이터는 생각보다 적을 뿐더러 꽤나 편향적입니다. 생각하고 싶지 않은 것은 무시하고, 인용하고 싶은 것만 선택하고, 보고 싶은 것만 보는 세상이 된 거죠.

영화 '트루먼 쇼'의 주인공 트루먼은 자신이 현실처럼 꾸며진 TV 프로그램 세트장 속에서만 사는 존재라는 걸 모르고 있었습니다. 왜 트루먼은 그가 사는 세계의 진실을 알아내지 못했던 걸까요? 쇼의 제작자였던 크리스토프는 그 질문에 "우리는 그저 눈앞에 주어진 현실을 받아들일 뿐이기 때문"이라고 답합니다.

사실 우리 개개인은 객관적이지 않습니다. 객관적인 진실을 찾아 노력하는 사람조차 어느 정도 개인의 경험이나 환경에 좌지우지될 때가 많죠. 인터넷에 수많은 정보들을 보며 찾아낸 정보가 정확하다고 생각하는 순간조차도 우리가 그동안 검색하고 올렸던 글들을 가지고 분석한 알고리즘에 따라 우리 앞에 들이밀어진 정보들을 보고 있는 겁니다. 사실 우리는 주어진 현실 속에서 보고 싶어 하는 것을 보고 판단하는 거죠. SNS가 특히 이런 현상을 부추깁니다.

우리는 각자의 현실 속에서 살고 있기 때문에 생각들도 제각각입니다. 그런데 SNS는 사람들의 생각들을 데이터로 수집해서 이용합니다. 페이스북을 예로 들어 볼까요? 우리가 페이스북을 켜면 우리와 유사한 생각을 가진 사람들의 글과 뉴스들이 우선 뜹니다. 그 뉴스피드에 달린 댓글들도 거의 비슷한 내용이죠.

여기서 문제가 생겨납니다. 페이스북이 사용하는 알고리즘으로 우리 입맛에 맞는 정보들을 계속 접하고, 유사한 의견을 가진 사람들의 글을 자주 보면, 우리는 결국 다들 나와 비슷하게 생각한다고 착각하게 된다는 겁니다. 현실은 그렇지 않은데도요. 그래서 영화 속 주인공인 트루먼처럼 우리 역시 SNS 뉴스피드에 뜬 정보를 의심 없이 진실이라고 받아들이게 됩니다. 그 뉴스피드를 통제하는 건 불행히도 우리 자신이 아니라 페이스북의 알고리즘인데도 말이죠. 마치 트루먼의 인생을 통제한 게 트루먼 자신이 아니라 크리스토프였던 것처럼요.

인터넷이 불평등하고 불합리한 현실을 극복하는 존재가 될 거라고 믿었던 인터넷 이상주의자들의 생각과는 달리, 인터넷 세상 역시 그토록 지양하려고 했던 불공정하고 불합리한 현실과 크게 다를 바 없습니다. 결국 사람이 하는 일이란, 현실이건 인터넷이건 같은 식으로 돌아가게 마련인 것처럼 느껴지기도 합니다.

메타버스를 '모두를 위한 기회의 땅'으로 만들려면 어떻게 해야 할까?

그렇다면 메타버스는 어떨까요? 현재 메타버스는 흔히 기회의 땅이라 불리고 있습니다. 인터넷의 혁명이자, 넥스트 인터넷으로서 우리 삶을 새롭게 만들어 줄 거라고 기대합니다.

인터넷은 등장했을 때부터 흔히 그리스 시대의 광장(아고라, agora)에 비유되었는데요. 그래서 직접 민주주의의 장이거나 완전 경쟁이 작동하는 시장이 될 거라는 기대가 있었죠. 하지만 실제로는 빅 테크 기업들이 중앙에서 독점하며 깔아 놓은 판 위에서 불평등하게 작동하고 있습니다.

아직 메타버스에 대해 확실한 정의가 내려진 건 아니지만, 메타버스가 블록체인 등을 이용하면서 탈중앙화될 수 있기 때문에 인터넷이 해내지 못했던 평등과 민주 사상을 구현할 수 있다고 믿는 사람들도 있습니다. 하지만 정말 그럴까요?

메타버스의 중심에는 가상현실 기술이 있습니다. 그리고 가상현실 기술을 더욱더 현실처럼 만들어 주기 위해서는 인공지능과 데이터 활용 기술도 필요하죠. 가상현실 기술을 제외한다면 현재 우리가 널리 쓰고 있고 문제점이 드러나고 있는 인터넷과 다를 게 없습니다.

하지만 다행스럽게도 인터넷은 이미 고착된 상태지만 메타버스는 우리가 어떻게 그려 가는지에 따라 달라질 수 있습니다. 현재 우리는 일단 메타버스가 '현실을 중심으로 현실과 가상을 자유자재로 드나드는 공간'이 될 것이라고 보고 있습니다. 이와 함께 우리는 블록체인 기술과 NFT 덕분에 가상 세계에서 디지털 자산에 대해 소유권을 증명할 수 있게 되었지요. 가상 세계가 게임이나 허구의 공간을 넘어 현실에 잘 버무려질 수 있는 기틀을 마련한 것입니다. 이제 기초를 단단히 세우고 한 발 앞으로 나설 순간이 된 거죠.

이런 때일수록 메타버스를 어떻게 만들어 나갈지 더 많은 고민을 해야 할 것입니다. 그 고민은 우리 모두가 해야 합니다. 메타버스의 운영과 시스템이 민주적으로 되도록 우리 모두 노력해야 한다는 것입니다. 만약 고민을 하는 주체가 일부 빅 테크 기업이 된다면 소위 '돈'이 되는 일에만 매달리게 될 가능성이 큽니다. 어떤 대기업 하나

가 메타버스 세계를 독점한다면 기회의 땅은 결국 상위 1%의 땅이 되고 말겠지요. 메타버스가 진정한 기회의 땅으로서 인터넷과 모바일 다음의 플랫폼으로 성장하려면 메타버스를 만들고 이용할 '모든 주체들이 함께해야 할 것'입니다.

우리는 앞서 블록체인에 대해 논하면서 '탈중앙화'에 대해서도 이야기했습니다. 일부 거대한 존재가 중앙에서 모든 것을 좌지우지하지 않고 여러 소규모 단위의 사람들이 자율적으로 운영하기 때문에 블록체인이 중요한 의미를 갖는다고 했습니다.

따라서 블록체인이 가진 탈중앙화적인 특성을 메타버스에 적용할 필요가 있습니다. 메타버스를 만들어 나가면서 우리 모두가 참여할 수 있는 열린 기준과 열린 프로토콜(컴퓨터들 간에 원활하게 통신을 주고받기 위해 한 약속), 열린 대화, 그리고 모두에게 공정하고 평등한 기회가 주어져야겠지요. 그리고 그 속에서 도덕적, 법적, 정책적 논의들도 이뤄져야 할 것입니다.

아직은 멀티버스?
앞으로 메타버스가 나아갈 길은?

2021년 미국 기술전문 미디어인 테크 크런치는 우리가 미디어를 통해 접하는 메타버스는 사실 각 서비스가 개별적으로 제공되는 '멀티버스(multiverse)'이며, 진정한 메타버스 시대는 이렇게 관련 서비스들이 계속 개발되고 서로 연결되어 전 지구적인 규모가 되었을 때 도래할 거라고 말했습니다.

여기서 잠깐, 우리 인터넷이 발전하던 모습을 떠올려 볼까요? 초창기 인터넷은 컴퓨서브나 천리안처럼 폐쇄된 형식의 PC통신 업체들로 이뤄져 있었습니다. 컴퓨서브나 천리안 등 PC통신을 이용하는 사람들은 그 아늑하지만 폐쇄된 세상에서 이용자들만의 세계를 만들었죠.

그런데 인터넷에 따로따로 있던 수많은 정보들, 즉 전자 문서들을 '하이퍼텍스트(hypertext)'를 이용해 서로 연결하자 상황은 달라졌습니다. 이렇게 '월드 와이드 웹(world wide web, www)'이 등장하면서 웹 사이트들이 서로 연결됐고 인터넷을 쓰는 사람들의 세계가 갑자기 넓어진 거죠. 폐쇄적인 사이트들은 설 자리를 잃었습니다. 결국 '모두의 인터넷'은 전자 문서 열람망인 월드 와이드 웹을 통한 웹 사이트들의 연결 덕분에 이뤄졌습니다.

지금 메타버스는 어떨까요? 우선 웹이나 모바일처럼 새로운 정보 통신 플랫폼으로 자리 잡아가는 건 사실입니다. 제페토나 로블록스, 개더타운 등 다양한 메타버스 플랫폼이 메타버스를 대중적으로 만드는 데 물꼬를 텄죠. 사람들에게 주목받는 메타버스 플랫폼들이 나오고 있는 이 상황을 굳이 '멀티버스'로 불러야 하는지는 의문이지만, 메타버스의 기본적인 경험을 갖춘 다양한 플랫폼들의 춘추 전국 시대인 것은 맞습니다. 다만, 메타버스 플랫폼들이 각 공간에서만 서비스를 제공하지요. 이 점에서 테크 크런치가 말한 대로 아직 메타버스는 넥스트 인터넷으로 가는 '과도기'에 놓여 있다고 봐도 될 것입니다.

그렇다면 언제쯤 메타버스가 완성될 수 있을까요?

메타버스를 인터넷처럼 쉽고 편하게 이용하려면

우선 지금보다 더 발전한 형태의 가상현실 기술이 있어야 합니다. 증강현실인 AR과 혼합현실 MR은 의료, 건설, 자동차 디자인 등 산업에서 많이 사용하고, 가상현실 VR은 게임이나 엔터테인먼트에서 주로 사용됩니다. 가상현실 기술이 아직 우리 삶에 완벽하게 녹아들지 못한 거죠. 가상현실 기술이 완벽해지려면 인간의 다양한 감각을 채워 줄 서비스가 필요한데 지금은 시각(HMD)과 청각(audio), 촉각(haptic) 분야의 기기만 널리 쓰이는 것도 문제입니다. 최근 다양한 XR 기기나 텔레햅틱 기술들이 개발, 연구되고 있지만 아직 완벽하지 않거든요.

아울러 메타버스를 위한 OS나 스마트폰과 같은 다양한 형태의 폼팩터(form factor. 어떤 제품의 물리적인 외형, 예를 들어 스마트폰이 전화기 형태였다가 돌돌 말 수 있는 형태나 접는 형태로 바뀌고도 있는데 이를 스마트폰의 폼팩터 변화라고 함.)도 필요합니다.

스마트폰이 컴퓨터를 상당 부분 대체할 수 있었던 것은 모바일 전용 OS 덕분이었습니다. 우리는 게임, 영상 등 각종 앱을 스마트폰 안의 온라인 스토어에서 다운받을 수 있죠. 그런데 다운받는 것만으로 이 앱을 사용할 수 없습니다. 스마트폰에서 앱을 실행할 수 있는 건 모바일 운영체제 기술 덕분입니다. 안드로이드나 iOS 등 모바일 OS는 스마트폰 그 자체인 하드웨어(CPU, 액정, 배터리 등)와 소프트웨어(카카오톡이나 게임 등 앱)를 제어해서 우리가 앱을 자유자재로 사용하게끔 해줍니다. 모바일 전용 OS 덕분에 컴퓨터에서만 하던 일을 우리는 스마트폰으로 할 수 있는 거죠.

그런데 메타버스는 현재 다양한 전용 OS나 스마트폰을 넘어서는 기기가 없는 상황입니다. 가상현실 기기들이 스마트폰처럼 널리 쓰이려면 현재 개발 중인 여러 XR 기기처럼 더 다양한 방식으로 변화해야 합니다.

5세대 이동 통신도 지원되어야 합니다. 2021년 6월에 발표된 「에릭슨 모빌리티 보고서」에 따르면 2020년 기준 5G를 사용하는 지역은 동북아와 북미, 서유럽 3곳뿐입니다. 2026년에야 전 세계에서 5G를 사용할 수 있을 거라고 보지요.

메타버스 서비스들 간 연동도 필요합니다. 즉, NFT에서 설명했던 '상호운용성'이 메타버스에도 있어야 합니다. 2006년에 출시된 로블록스나 2018년에 출시된 제페토, 2021년에 출시된 이프랜드(ifland) 등 사람들에게 많은 사랑받는 메타버스 플랫폼이나 서비스들은 모두 독자적으로 운영되고 있습니다. 메타버스 플랫폼들이 서로 연결되지 못하고 폐쇄된 공간에 있는 셈이죠.

인터넷이 월드 와이드 웹으로 연결되었던 것처럼 메타버스도 플랫폼들이 서로 연결되어야 진정한 넥스트 인터넷으로 거듭날 수 있을 겁니다. 예를 들어 여러분이 제페토에서 아바타 스킨을 샀다면 그걸 입고 로블록스로 건너가거나 온라인 가상 교실에 등장할 수 있어야 한다는 거죠. 아울러 정보 취약 계층이 나타나지 않도록 이렇게 연동되는 서비스를 공평하게 이용할 수 있어야 합니다.

또한 사용자들의 사생활 침해와 개인 정보 문제 등을 해결해야 합니다. 메타버스는 현실을 공유하고 현실 세계를 확장하며 블록체인과 NFT로 디지털 경제까지 가능할 것으로 기대되고 있죠. 그래서 현재 인터넷 환경에서 바라보는 개인 정보 보호 문제와는 다른 시각이 필요합니다.

현재 인터넷 환경을 위한 개인 정보 보호법을 보면, 보통 개인 정보를 수집하는 첫 단계에서 사용자가 동의를 해야 하는데요. 이때에도 우리의 개인 정보를 함부로 처리할 수 없는 것이 원칙입니다. 다만 예외적인 경우에 사용자가 동의한 부분에 한해서, 혹은 법령이 허가하는 사안에 대해서만 개인 정보 공유나 처리를 허용합니다.

그런데 이를 뒤집어 생각하면, 동의만 받으면 개인 정보를 처리할 수 있는 범위가 매우 넓어진다는 것이죠. 메타버스 시대가 본격적으로 열린다면, 우리는 메타버스를 더 편리하고 즐겁게 활용하기 위해 더 많은 개인 정보를 주게 됩니다. 개인 정보 처리 동의도 마찬가지죠. 개인 정보 처리를 동의하지 않으면 할 수 있는 일이 그만큼 적어집니다. 제페토 역시 여러분이 단순히 제페토를 즐기는 게 아니라 제페토 안에서 다양한 크리에이터로 활동하려면 여러분의 개인 정보(카카오톡이나 네이버 메일 주소 등의 정보)를 주고 회원 가입을 해야 하니까요. 게다가 디지털 경제까지 가능해진다면, 더더욱 개인 정보 처리 동의를 거부하기 어려울 것입니다.

또한 메타버스 안에서는 다양한 정보들이 수시로 오가고, 인공지능이 수많은 정보들을 결합하고 분석합니다. 그래서 동의해야만 개인 정보를 처리하게 되더라도 실제 여러분이 무엇에 대해 동의했고 어느 범위까지 동의했는지를 일일이 확인하기 어렵습니다.

현재 법대로라면 메타버스 안의 다양한 서비스를 누리기 위해 한 번에 너무 많은 사항에 동의를 하게 됩니다. 이런 상황에서 고지 후 동의만 얻으면 정보를 처리하는 회사 측이 법적 책임을 지지 않는 구조를 유지할 경우 우리의 개인 정보를 보호하기 어려워집니다.

그렇다고 개인 정보 보호를 너무 강조하다 보면 매우 제한적인 개인 정보만 수집해야 되지요. 그러면 오히려 법을 지키지 않거나 사업 자체를 포기하게 될 수 있고요. 따라서 기존 개인 정보 문제와는 조금 다른 시각을 갖고 메타버스에 맞는 방식으로 이 문제를 해결해야 할 것입니다.

정리하자면, 전 세계에 5G가 보급되면서 오감을 만족시킬 완벽한 기기들이 나오고, 우리의 개인 정보들이 안전한 가운데, 단 한 번의 접속으로 다양한 메타버스 서비스들을 자유롭게 오갈 수 있게 된다면, 진정한 메타버스의 시대가 시작될 겁니다. 이렇게 모두 함께 누릴 수 있는 온전한 메타버스 세상이 하루빨리 오길 기대해 봅니다.

가상현실과 메타버스, 널리 세상을 이롭게 할 기술로!

우리는 때로 기술 발전에만 집중할 때가 있습니다. 더 새로운 기술, 더 편한 프로세스 등에 사로잡혀서 정작 그 기술을 쓸 '사람들'에 대해서 생각하지 못할 때가 많습니다. 인터넷도 마찬가지였습니다. 인터넷 세상은 어떤 정보든 접근할 수 있고, 시간과 공간의 제약을 넘어 서로에게 연결될 수 있는 세상이지요. 그러다 보니 그 안에서 우리가 차지하는 공간이 지나치게 넓어지기도 합니다. 사람으로 느껴야 하는 감정, 공감 능력, 양심의 경계가 모호해지기도 하고요. 예전보다 더 사람을 외롭고 위태롭게 만들기도 했습니다.

메타버스도 인터넷과 마찬가지일 수 있습니다. 우리가 새로운 기술, 새로운 공간, 새로운 무언가를 마주했을 때 이것을 어떻게 채울지 늘 깊게 고민해야 하는 이유이지요.

아무리 완벽한 가상 세계를 구축해도, 아무리 편리한 가상현실 기기 등이 나와도 그 기술을 사용하는 사람에 대한 배려가 없다면 메타버스는 여느 소설이나 영화가 그렸던 것처럼 우리 세상을 디스토피아로 만들 것입니다.

기술 중독이나 줌 피로 증후군 등은 기술만을 중시했기 때문에 생깁니다. 앞서 살펴본 수많은 메타버스의 그림자들도 마찬가지죠. 하지만 결국 기술을 사용하는 것은 '인간'입니다. 그래서 사용자가 인간이라는 생각을 언제나 잊지 않고 기술을 개발해야 합니다.

사실 많은 사람들의 생각과는 달리, 메타버스 성공의 핵심은 꼭 화려한 그래픽이나 현실감 넘치는 아바타가 아닐 수 있습니다. 그보다 현실의 사소한 요소들을 잘 모방하고 가상 세계에서 사람들에게 어떤 경험을 전달할 수 있는지가 핵심일 수도 있습니다. 앞서 개더타운에 대한 이야기를 했었는데요. 개더타운은 사람들이 줌을 쓰면서 얻는 피로감을 해소하고자 일부러 2D로 가상 사무실을 재현했습니다. 그러면서 많은 인기를 끌게 됐죠.

그런데 개더타운이 아무리 인기를 끌고 있어도, 2D로 만들어졌기 때문에 아쉬워하는 사람들도 분명 있습니다. 가상 사무실을 현실과 거의 유사한 3D 가상 환경으로 만들고자 하는 사람들에게는 2D의 한계가 느껴진다는 거죠. 진지하게 일을 하기에 2D는 적당한 환경이 아니라는 의견도 많습니다.

여기서 우리는 메타버스를 만들 때 굳이 한 가지 모습을 고집할 필요가 없다는 것도 알 수 있습니다. 사람들은 모두 다릅니다. 이렇게 다양한 생각을 가진 수많은 사람들이 함께하는 만큼 메타버스도 수

많은 모습을 해야 할 것입니다. 수많은 모습들이 각각 취향에 따라 존중받으며, 자유롭게 메타버스 세상을 만들어 나가고 공유할 수 있도록 말이죠. 그게 바로 진정한 메타버스 세상이 아닐까요?

시간과 공간이 서로 뒤엉키는 곳에서도 메타버스 사용자들인 우리 인간들이 느끼는 다양한 감정과 관계들을 더 우선할 수 있기를, 그래서 메타버스가 만들어 나가는 세상이 늘 인간들이 행복한, 이로운 세상이 되기를 바라봅니다.

우리에게 정말
중요한 것은?

미래에 메타버스가 우리 인생에서 큰 부분을 차지한다면 어떻게 될까요? 여러분은 과연 어디에서의 경험을 '진짜'로 받아들일 것인지 의문이 들 수밖에 없습니다. 어떤 것이 진짜 현실인지, 우리는 어떤 현실에 발을 딛고 살아가야 하는지 혼란스러울 수 있죠.

좀 다른 이야기일 수도 있지만, 영화 속 한 장면을 잠깐 떠올려 봅시다. 영화 '스파이더맨 2'에서 주인공 피터 파커는 스파이더맨의 정체성과 피터 파커의 정체성 사이에서 방황합니다. 둘 다 잘해 보려고 하지만 쉽지 않죠. 열심히 노력하는 데도 안 좋은 일만 일어나던 어느 날 피터는 유일한 가족인 메이 파커를 찾아갑니다. 메이는 혼자서 이사를 준비하다가 피터를 반갑게 맞이하며 이렇게 말하죠.

"댐 안에 있는 것도, 다리 아래 흘러가는 강물에 있는 것도 결국 다 똑같은 물이야."

'물이 어디에 있던, 그게 물이라는 사실은 변하지 않는다'고 말이죠. 가상현실에서의 경험도, 우리가 현실에서 얻는 경험도 우리에게는 모두 같은 기억이고 경험일 거라는 생각이 듭니다. 여기에 있어도 저기에 있어도 물은 물인 것처럼 말이죠. 메타버스 속에서 여러분이 약간의 익명성에 기대서 또 다른 자신을 '연기'하고 있다고 해도 그게 결국 여러분이라는 사실은 변하지 않으니까요.

게다가 메타버스가 그리는 미래는 가상 세계에만 머무는 것이 아닐 것입니다. 아무리 가상현실이 좋다고 해도 우리는 현실을 잊고 살 수 없습니다. 가상현실이란 것도 결국 우리가 지금 숨 쉬고 먹고 자며 존재하는 이 현실이 바탕이 되었을 때 가능한 것이니까요.

설령 우리 뇌와 컴퓨터를 연결해서 우리가 아예 육체를 버리고 디지털 세계로 가게 되는 일이 일어난다고 해도 우리 뇌의 데이터를 저장하고 있는 '데이터 저장소'는 현실 속에 그대로 남아 있습니다. 만약 데이터 저장소에 문제가 생겨서 우리 삶을 저장하는 데이터들이 사라진다면 우리도, 우리를 둘러싼 가상 공간도 그냥 사라지게 되겠죠. 이게 바로 현실 없이 우리가 존재할 수 없는 이유입니다.

기술이 아무리 훌륭해도 우리의 실제 삶을 완벽하게 대체할 수는 없습니다. 우리가 누리던 평범한 삶, 그러니까 실제로 밖으로 나가 일하고 친구를 만나고 여행하고 그 밖에 여러 가지 일들 역시 계속할 수 있어야 할 것입니다. 그렇다면 현실과 가상현실 사이에서 우리가 어떤 것을 현실로 받아들일지, 어떤 현실을 더 좋아하고 어떤 현실에 더 오래 머물지 '우리가 직접' '스스로'를 위해 선택하면 됩니다.

가상현실 속 경험들도 어쩌면 진짜 내 기억이 될 수도 있기 때문에 더욱더 우리가 선택할 수 있어야 합니다. 내 삶을 결정하는 것은 오롯이 나만이 가진 고유한 권리일 테니까요. 여느 기업이나 국가가 택하게 둘 수는 없는 일입니다. 다른 누군가, 무언가가 여러분을 통제하게 둘 것이 아니라 여러분에게 통제권이 있어야 함을 항상 잊지 않았으면 합니다.

"내가 춤출 수 없다면 혁명이 아니다."

20세기 초에 활동한 무정부주의자이자 페미니스트 작가 엠마 골드만은 이렇게 말했습니다. 사실 골드만이 한 말의 의미는 '혁명이 사회적 약자와 소수자를 배제하는 방식으로 이루어진다면 그것은 혁명이 아니라 또 다른 형태의 압제(권력이나 폭력 따위로 억눌러 국민의 자유를 속박하는 정치)'라는 것입니다. 어떤 혁명이든 '내'가 주체가 되어야 한다는 거죠. 그 '내'가 영향력 있는 정치가나 대단한 부자가 아니라 사회적 약자이자 소수자일지라도 말입니다.

하지만 여기서 제가 굳이 골드만의 말을 인용해서 여러분께 하고 싶은 말은 이것입니다. 메타버스가 어떤 형태로 진화하든, 어떤 형태로 우리 삶을 바꿔 나가든 그 모든 일의 중심에는 바로 '여러분'이 있어야 한다는 겁니다. 때로는 메타버스 플랫폼에서 보내는 알람을 끈 채 진짜 현실에서 친구들과 함께 시간을 보내세요. 세상이 어떻게 변화하고 있는지 늘 마음을 열고 바라보고, 현실 속에서 많은 것들을 배우고 고민해 보고요. 그렇게 여러분이 머물 현실 세계와 메타버스 세상을 여러분이 직접 조율하고 만들어 나가는 겁니다.

앞으로 다가오는 메타버스 세상에서, 춤을 추는 사람은 여러분이 되길 진심으로 기대해 봅니다.

참고문헌

01 현실을 뛰어넘은 새로운 세상, 메타버스!
Chapter

1   닐 스티븐슨, 『스노 크래시』 북스캔, 2008

2   T. J. H. Morgan, 「Experimental evidence for the co-evolution of hominin tool-making teaching and language」 13 January 2015

3   Wes Fenlon, 「The metaverse is bullshit」 PC Gamer, 30 October 2021

4   이길행, 김기홍, 박창준, 이헌주, 전우진, 조동식, 권승준, 홍성진, 권은옥, 『상상이 현실이 되고 현실이 가상이 되는 가상현실 증강현실의 미래』 콘텐츠하다, 2018

5   스티븐 옥스타칼니스, 『실전 증강 현실』 에이콘출판사, 2017

6   제이슨 제럴드, 『VR Book』 에이콘출판사, 2019

7   Ivan E. Sutherland, 「The Ultimate Display」 1965

8   재런 러니어, 『가상 현실의 탄생』 열린책들, 2018

9   김상균, 『메타버스』 플랜비디자인, 2020

10 안진경, 「가상세계의 유형연구」 2008. 5. 29. 이화여대 가상세계 문화기술연구소

11 Steve Mann, 「Through the Glass, Lightly」, IEEE Technology and Society Vol. 31, No. 3, Fall 2012, pp. 10-14

12 이인화, 『메타버스란 무엇인가』 스토리프렌즈, 2021

02 ✧ 메타버스! 단순히 가상 세계가 아닌
Chapter
실제의 힘을 지니려면 필요한 것들!

1 성소라, 롤프 회퍼, 스콧 맥러플린, 『NFT 레볼루션』 더퀘스트, 2021

2 맷 포트나우, 큐해리슨 테리, 『NFT 사용설명서』 여의도책방, 2021

3 커넥팅랩, 현경민, 문지현, 정구태, 김정아, 민준홍 『블록체인 트렌드 2022-2023』 비즈니스북스, 2021

4 정희연, 최영규, 『블록체인 경제』 미래와혁신21, 2021

5 Manav Gupta, 『Blockchain for Dummies IBM』, for dummies, 2020

6 Mohit Mamoria, 「블록체인이 뭔데?(WTF is blockchain?)」

7 이병욱, 『비트코인과 블록체인, 가상 자산의 실체』 에이콘출판사, 2020

8 돈 탭스콧, 알렉스 탭스콧, 『블록체인 혁명』 을유문화사, 2017

9 Vitalik Buterin, 「탈중앙화의 의미 The Meaning of Decentralization」

10 Brian Volk-Weiss 감독, 넷플릭스 다큐멘터리 「토이: 우리가 사랑한 장난감들(The Toys That Made Us)」 2019

11 「ETRI, 촉감으로 소통하는 텔레햅틱 개발」 ETRI 웹진, 2021

12 「버추얼 프로덕션 허브」, 언리얼 엔진 누리집

13 Allan V. Cook, 「The future of content creation: Virtual production Explore the future of the VFX industry」 Deloitte, 2020

14 Jeff Farris, 「영화 제작자들에게 새로운 제작 파이프라인을 선사한 'The Mandalorian'」, 언리얼 엔진 누리집

15 WalkingCat 트위터 @_h0x0d_

03
Chapter ✧ 메타버스는 우리 세상에서
어떻게 활약할까?

1 이승환, 한상열 「비대면 시대의 게임 체인저, XR」 SPRi 이슈리포트, 2020

2 한상열, 「메타버스 플랫폼 현황과 전망」, 미래연구포커스, 2021

3 Todd South, 「The Army wants to buy 40,000 'mixed reality' goggles」 ArmyTimes, 2020

4 우베 요쿰, 『모든 책의 역사』 마인드큐브, 2017

5 Thomas W. Malone, 「Making the Decision to Decentralize」 하버드 비즈니스 스쿨, 2004

6 저스틴 라이시, 『언택트 교육의 미래』 문예출판사, 2021

7 Banakou, Domna, Sameer Kishore, and Mel Slater, 「Virtually being Einstein results in an improvement in cognitive Task performance and a decrease in age bias.」 Frontiers in Psychology 9, 2018

8 Gomar, Jesus J., et al., 「Validation of the Word Accentuation Test (TAP) as a means of estimating premorbid IQ in Spanish speakers.」 2011

9 SLC 안전생활문화원 누리집 http://sl.or.kr/

10 서울 가상증강현실 엑스포 2021 누리집 https://seoulvrar.com/

11 Thomas Macaulay, 「가상현실, 교육 · 훈련의 미래 될까?」 2017

12 최만, 최만드림 미래교육 누리집 https://www.coolschool.co.kr/profile/view/112045

13 숙명여대, 「2021년을 수놓은 올해의 숙명뉴스」 숙명여자대학교 공식 블로그, 2021

14 Aviva Rutkin, 「How Minecraft is helping children with autism make new friends」 뉴사이언스지, TECHNOLOGY 27 April 2016

15 Graysen Chistopher, 「가상현실을 이미 적용한 6가지 산업 분야」

Computerworld UK, 2017

16 이한, 「트렌드 키워드 속 환경 ⑥ 가성비와 효율성 높이는 패스트 패션, 환경
    에 미치는 영향은?」, 환경경제신문 그린포스트코리아, 2020

17 딕 헵디지, 「하위문화」 현실문화, 1998

04
Chapter
알아 두면 쓸모 있는
메타버스 직업의 세계!

1   August 「Metaverse—A parallel digital world」 gigadgets, 2021

2   Carter Pochynok, 「Music of the Metaverse」 2021

3   John McTiernan 감독, 영화 「마지막 액션 히어로」 1993

4   Stuart Dredge, 「Music in the metaverse: 'Moving away from
    audiences and toward communities'」 2022

5   Ekin Genc, 「Fake Banksy NFT Sells for $338K in Ethereum,
    Scammer Returns Funds」 decrypt, 2021

6   정보보안전문가 참고 자료 https://hackeruniversity.tistory.com/767

7   Hannah Williams 「'초급부터 고급까지' 인기 있는 IT보안 자격증 7선」,
    CIO, 2018

8   Darren Pauli, 「Reg meets 'Lokihardt', quite possibly the world's
    best hacker」 theregister, 2016

9   고선영, 정한균, 김종인, 신용태, 「메타버스의 개념과 발전 방향」 대한정보처
    리학회, 2021

10 박혜원, 「"메타버스 덕분에.." 미래에는 이런 직업 뜬다」 jobsN, 2021

11 유튜브 MBC 공식 종합 채널, 「서둘러 데뷔해! 이젠 메타버스 크리에이터다!
    월 1500만 원 겟-챠★ | 지만추 – 지혜로운 만남 추구 X 오후의 발견 이지
    혜입니다」 2021

12 블레이크 J. 해리스, 「더 히스토리 오브 더 퓨처」 커넥팅, 2019

13　박명진, 「기어이, 글로벌 XR 콘텐츠 스튜디오 꿈꾸는 프로듀서 그룹」 아이뉴스24, 2021

05 ✧ 메타버스는 과연
Chapter 　　기회의 세상이기만 할까?

1　Cecilia D'Anastasio, 「On Roblox, Kids Learn It's Hard to Earn Money Making Games」 TECHOSMO, AUG 19, 2021

2　신석영, 「'메타버스의 핵심, NFT와 가상경제' 보고서」 하나경제금융그룹, 2021

3　교육부, 「미디어 리터러시 교육이 필요한 이유」 대한민국 정책브리핑, 2019

4　한상기 외, 「메타버스와 프라이버시, 그리고 윤리」 한국인터넷진흥원, 2021

5　「2020 Augmented and Virtual Reality Survey Report」 Perkins Coie LLP, 2020

6　조지 오웰, 『1984』 펭귄클래식코리아, 2014

7　Peter Jonsson 외, 「에릭슨 모빌리티 리포트 2021」 Ericsson, 2021

8　Dean Takahashi, 「Nvidia opens its 'metaverse for engineers' by adding millions of Blender users to Omniverse」 GamesBeat, 2021

9　Steven Spielberg 감독, 영화 「레디 플레이어 원」 2018

10　The Wachowskis 감독, 영화 「매트릭스」 1999

11　한국지능정보사회진흥원 디지털포용기획팀, 「2020년 디지털정보격차 실태조사 보고서」 과학기술정보통신부, NIA한국지능정보사회진흥원, 2020

12　Ridley Scott 감독, 영화 「블레이드 러너」 1982

13　Shawn Levy 감독, 영화 「프리가이」 2021

14　Sean Endicott, 「Microsoft and Qualcomm dive into the metaverse with expanded partership」 Microsoft News, 2022

15　유튜브 Qualcomm Snapdragon Korea, 「퀄컴 스냅드래곤 테크 서밋

2021 Day 1, Day 2 full」 2022

16 Vignesh Ramachandran, 「Stanford researchers identify four
causes for 'Zoom fatigue' and their simple fixes」Stanford News,
2021

17 켄타로 토야마, 『기술 중독 사회』 유아이북스, 2016

06 ✧ 미래 세상과 메타버스를 슬기롭게 만들기 위해
Chapter   우리는 무엇을 해야 할까?

1 Peter Weir 감독, 영화 「트루먼 쇼」 1998

2 최세진, 『내가 춤출 수 없다면 혁명이 아니다!』 메이데이, 2006

3 Eric Peckham, 「A multiverse, not the metaverse」TechCrunch+,
2020

4 Sam Raimi 감독, 영화 「스파이더맨 2」 2004

5 Owen Harris 감독, 넷플릭스 드라마 「블랙 미러 시즌 3 샌주니페로 」 2016